浪花朵朵

改变我们生活的技术浪潮

发 明

A WORLD OF DISCOVERY

[英] 理查德·普拉特 文

[英] 詹姆斯·布朗 图　跃钢 译

北京联合出版公司
Beijing United Publishing Co.,Ltd.

目 录

轮子

在我们的生活中，轮子的应用如此广泛，以至于很难想象，没有它们，我们要如何面对生活中的方方面面——从另一个角度讲，很难想到比轮子更聪明、更实用的发明。

我们不知道是谁最先发明了轮子，但我们大概知道它们最先出现在什么地方。最早的与车轮、小车和相关部件有关的单词出现在当今的乌克兰，时间是公元前3500年左右。这个年代听起来十分遥远，但那时人们早已拥有了织布机、航船、镜子和化妆品。那么为什么和这些东西比起来，轮子的发明会如此滞后？原因是制作轮子并不是一件容易的事情。把轮子做成圆形本身就是一个挑战，此外你还需要一根直而圆的轮轴，而且还要准确地在轮子的正中央打一个圆洞——圆洞的直径必须只比轮轴的直径稍微大一点。如果你无法将这些细节做到尽善尽美，那么你的轮子或者不转，或者很快就磨损寿终了。

制作陶器

最早的轮子并非用于交通工具，而是用在制陶工艺上，工人将陶坯放在不停旋转的轮盘上，将旋转中的陶坯做成烧制前的陶罐。约5000年以前，美索不达米亚人就在使用能快速旋转的制陶圆盘了，远远早于轮式交通工具上路的时间。

最早的轮子

最早具有实际用途的轮子是由拼接起来的木板切成圆形而做成的。而后在公元前2000年左右，欧洲最东面的一个地区发明了轻便的辐条式车轮，这其实是一项军事技术的突破。有了它，才有可能出现快速移动的战车，这种战车可以搭载一名驭手和数名士兵。公元前13世纪是战车使用的高峰期：发生在叙利亚北部的卡迭石战役中，当地的赫梯人英勇地粉碎了埃及人的入侵，在那次激战中，有多达6000辆战车投入了战斗。

请把我和我的车子埋在一起

发明"车轮崇拜"的并不是车迷们。早在公元前2000年，权高位重的富人就和他们的"豪车"葬在一起，在欧洲各地和中国都发现过这类战车墓葬。

加速转动

让车轮快速转动需要两项相互关联的发明：道路和轮胎。从18世纪开始，人们在泥土路面上铺上了石砖或者石子，借此提高了车子的运行速度。苏格兰发明家约翰·邓禄普（John Dunlop）在19世纪80年代发明了充气橡胶轮胎，为当时新发明的汽车带来了更好的抓地力和平稳的驾驶感受。后来，橡胶轮胎和柏油路面相辅相成，把我们推进到高速公路时代。

人行道冲浪

新技术不仅改进了交通运输，也改变了街头运动。滑板运动刚刚出现的时候，几乎只在加利福尼亚流行，当时的滑轮采用金属和陶瓷材料，直到大约30年之后，20世纪70年代初期，坚固耐用的聚氨酯滑轮取代了金属和陶瓷滑轮，滑板运动才在其他地方蓬勃发展起来。滑轮的改进大大提高了滑板的速度和抓地力，构成这项现代体育运动的诸多特技动作才能够实现。

沥青石子路

古罗马人铺设的精致道路曾遍布欧洲，但当罗马帝国在大约公元400年分裂时，这些道路都已经破败不堪了。14个世纪之后，苏格兰工程师约翰·麦克亚当（John McAdam）重新改造了这些路面，他在路旁加修了排水沟，在路面上铺上了一层碎石子。在此后的许多年里，这些经过"麦克亚当化"的道路就一直承受着铁皮车轮的碾压。这种道路加铺沥青，就成了所谓的"沥青石子路（tarmacadam）"，后来简称为"柏油路（tarmac）"。

轮子的演化

水车
陶轮
Tweel 一体化轮胎
实心轮
木板轮
充气轮胎
实心圆盘轮
钢丝辐条车轮
纺车
铁边辐条车轮
辐条车轮
独轮车

车轮可以帮助增强力量和速度

速度倍增：
转动轮轴可以使车轮外缘转得更快、滚得更远。

力量倍增：
转动车轮外缘可以在轮轴处产生更大扭力。

车轮能够减小摩擦力，使物体更容易移动。

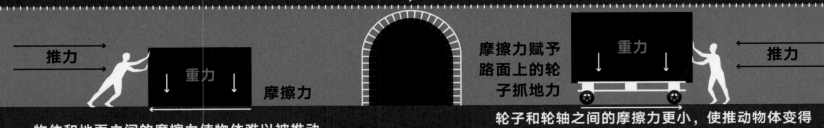

推力
重力
摩擦力

摩擦力赋予路面上的轮子抓地力

重力
推力

物体和地面之间的摩擦力使物体难以被推动。

轮子和轮轴之间的摩擦力更小，使推动物体变得相对容易。

火

利用闪烁跳跃的火焰所提供的灼热能量，我们的祖先大大地改善了他们的饮食结构。
更好的膳食带给我们更好的大脑，使我们得以成为今天拥有智慧优势的人类。

人类什么时候开始学会了控制火？100万年以前？答案是：也许。12万年以前？答案则是肯定的了。虽然有关人类从什么时候开始伐薪取火的证据并不确凿，但最先驯服火焰的大概是150万年前生活在当今肯尼亚境内图尔卡纳湖畔的人。闪电偶然引发的大火让这些人认识到了火的优点。然而，对火的全面掌控意味着能够根据需要生火，很久以后人类才做到了这一点——直到1.3万年前，在早期的欧洲石器时代，才留下了确切的证据。

普罗米修斯

人类曾经创造了无数有关火的起源的神话。在古希腊的神话中，泰坦神之一普罗米修斯从众神之王宙斯那里盗得火种，并转交给了人类。为了惩罚他，宙斯把普罗米修斯绑在一块巨大的山岩上，派一只鹰每天啄食他的肝脏，并让他的肝脏不停地再生，让他承受永久的痛苦。

烧烤烹饪

人为地制造和维持火源的技能改变了人类的生活，最重要的是对烹饪的改进。厨火传递给食物的热量使食物变得更容易消化，同时还能杀死食物中的细菌，其中有些细菌甚至是致命的，能让一份食物成为用餐者的最后一顿。人类学家追溯并认识到烹饪在人类进化中带来了一个关键变化：更高品质的食物有益于智商的提高，帮助人类成功进化。

在其他方面，火对远古人类也有帮助。比如说，它可以用来取暖，帮助人类在寒冷地区生息繁衍，增口添丁；它可以赶走凶猛的动物；它也可以在茂密的荆棘中烧出交通走道；它还可以焚烧荒地来制造广袤的耕地。

火的起源

有关穴居人用两根木棍摩擦引火的笑话其实并不离谱，不过这不是唯一的点火方式。用"黄铁（二硫化铁）"撞击燧石溅出的火星也可以用来点燃火捻儿（用易燃物做成的线），甚至挤压竹筒中的空气也能产生足够的热量来点火。在铁器时代出现了黄铁的替代物——钢制打火铁。用这种打火铁打

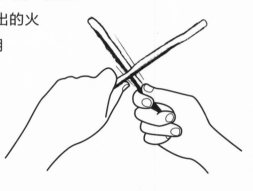

击燧石能更稳定地产生火星，而且它可以被做成合适的形状，避免使用时让关节受伤。携带一个装有燧石和打火铁的"火绒箱"，你就可以在一分钟之内完成点火过程。然而，随着化学科学的兴起，火炉和篝火旁金属与石头撞击的声音最终沉寂下来。1826年，英国化学家约翰·沃克在混合几种化学物质的过程中，无意间将搅拌用的木棍在火炉壁上蹭了一下，火苗突然蹿了出来。然后，他就发明了火柴。

在我们自身进化和探索世界的过程中，火虽然扮演了一个重要角色，但我们已经不再像我们的祖先那样依赖它。尽管如此，火依然令我们着迷，它更是宗教和仪式中的核心元素。而且，有什么能够取代壁炉中噼啪燃烧的木柴、晚餐桌上的浪漫烛光为我们带来的美妙难言的情境呢？

"为了发现人类早期用火的证据，我们必须非常、非常努力地工作。"

——多伦多大学人类学中心主任迈克尔·查赞
（Michael Chazan），2017年

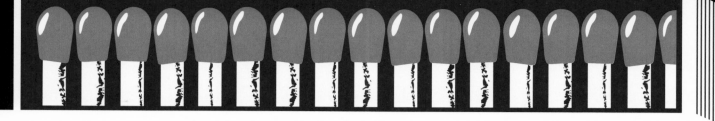

点燃火焰需要提供3个要素，扑灭火焰只需要消除其中一个。

火三角

氧气

热源

氧含量占1/5的空气已经可以为多数固体燃料的燃烧提供足够的氧气。

来自太阳、摩擦、电流或化学反应的热量都能将温度提高到足以燃起火焰的程度。

燃烧所需的3个要素

燃料

燃料有不同的形态：可以是气体、液体或者固体。

火焰和燃烧的科学

火苗总是朝上
重力塑造了我们熟悉的蜡烛火焰的形状。燃烧的蜡烛产生的热量烤热了火苗周围的空气，使得这部分空气变轻上升，上升的热空气将火苗挤压成了泪滴状。而在重力微弱的外太空，火苗的形状是圆形的。

热空气

冷空气

火焰外层
温度最高的部分，可燃物燃烧得最有效、最充分，所以这里的火焰颜色较深。

火焰中层
温度低于外层。燃烧不十分充分的碳粒子会发出明亮的光。

火焰内层
这里氧气较少，所以可燃物燃烧最不充分。

蜡烛燃烧时的火焰温度大约是1000摄氏度。

钟表

以钟摆为动力的精准时钟改变了人类的生活方式，让我们学会了不顾日出日落，而代之以一台嘀嗒作响的机器来设定每天的生活节奏。

在 1581年，意大利比萨大教堂里的一次例行宗教仪式上，一位教堂执事拽过一盏吊灯去点燃近旁的蜡烛。当他放开吊灯后，吊灯开始沿着一个很大的圆弧左右摆动，然后渐渐趋于静止。这个现象吸引了在场的一位医学生的注意。他注意到，吊灯每完成一个摆动周期，不管幅度多大，所用的时间基本是相同的。他进而意识到，这种有规则的运动是测量时间的一种便捷方法。在16世纪的意大利，人们还很难准确地测定时间。虽然那时候已经有了机械钟，但这些钟表通常只有一根时针，每天都会产生至少15分钟的误差。

被遗忘已久的钟摆

这位从祈祷中分散了注意力的医学生就是科学天才伽利略·伽利雷（Galileo Galilei）。很多年以后，在他77岁时，他才又想起比萨大教堂的那盏灯。在这段记忆的启发下，他决定设计一个计时器，使用钟摆——一根摆动的、带重锤的杆来控制走时。此时，伽利略已双目失明，行将就木，于是他的儿子替父上阵，试图制造出这个时钟，但却没有成功。等到1656年左右，荷兰数学家和科学家克里斯蒂安·惠更斯（Christiaan Huygens）碰到了更好的运气。他把钟摆和一个称作擒纵机构（见右页）的摆动装置连在一起，利用钟摆的规律运动成功地控制了发条装置释放动力的节奏。惠更斯的时钟一天的误差在10秒以内，这样的精度足以让分针发挥作用了。钟摆的加入极大地提高了时钟的准确性，于是大多数时钟都改装了钟摆。

改变世界

如果可以准确地测量时间，那么就可以准确地衡量工作量。在时钟还不是很可靠的年代，工人们根据所承担的任务或者劳动天数来领取报酬。准确的时钟出现以后，他们的工作量和报酬则以分钟来计算。也许可以说是蒸汽机促成了工业革命，但规范和监管工人的却是摆钟。

教堂时间
在摆钟发明以前，修道院的修道士们是唯一查看钟表的人，更确切地说，是"听钟"的人。他们每天会按时做至少8次祈祷。在晚上，听到修道院的机械钟发出铃声时，他们也要起床赶往礼拜堂。

精确的时钟同样改变了旅行。水手们利用它们来计算已经航行的距离，办法就是记录当地正午（也就是太阳升到最高点的时候）所对应的时间。他们每向西航行28千米，"正午"就会推后一分钟。这种简单的"确定经度"的方法使得航海船长们在确定航程方面颇为自信，同时也有助于测绘和探索我们的地球。在20世纪后半叶，卫星导航技术（见第53页）中再现了这段历史，这种现代导航技术建立在超精确时钟的基础上，可以将位置误差控制在5米之内。

佩一块土豆怀表
惠更斯在1675年发明的摆轮游丝使怀表走得像摆钟一样准确。很快，所有有钱人都带上了一块甚至两块怀表。有人调侃道，第二块怀表只不过是用银链子拴了一块土豆而已。

"在工厂里……钟表……被用来欺骗和压榨工人。"
——19世纪的一位工人说工厂主用偷拨表针的方式延长工人们的工作时间

摆钟

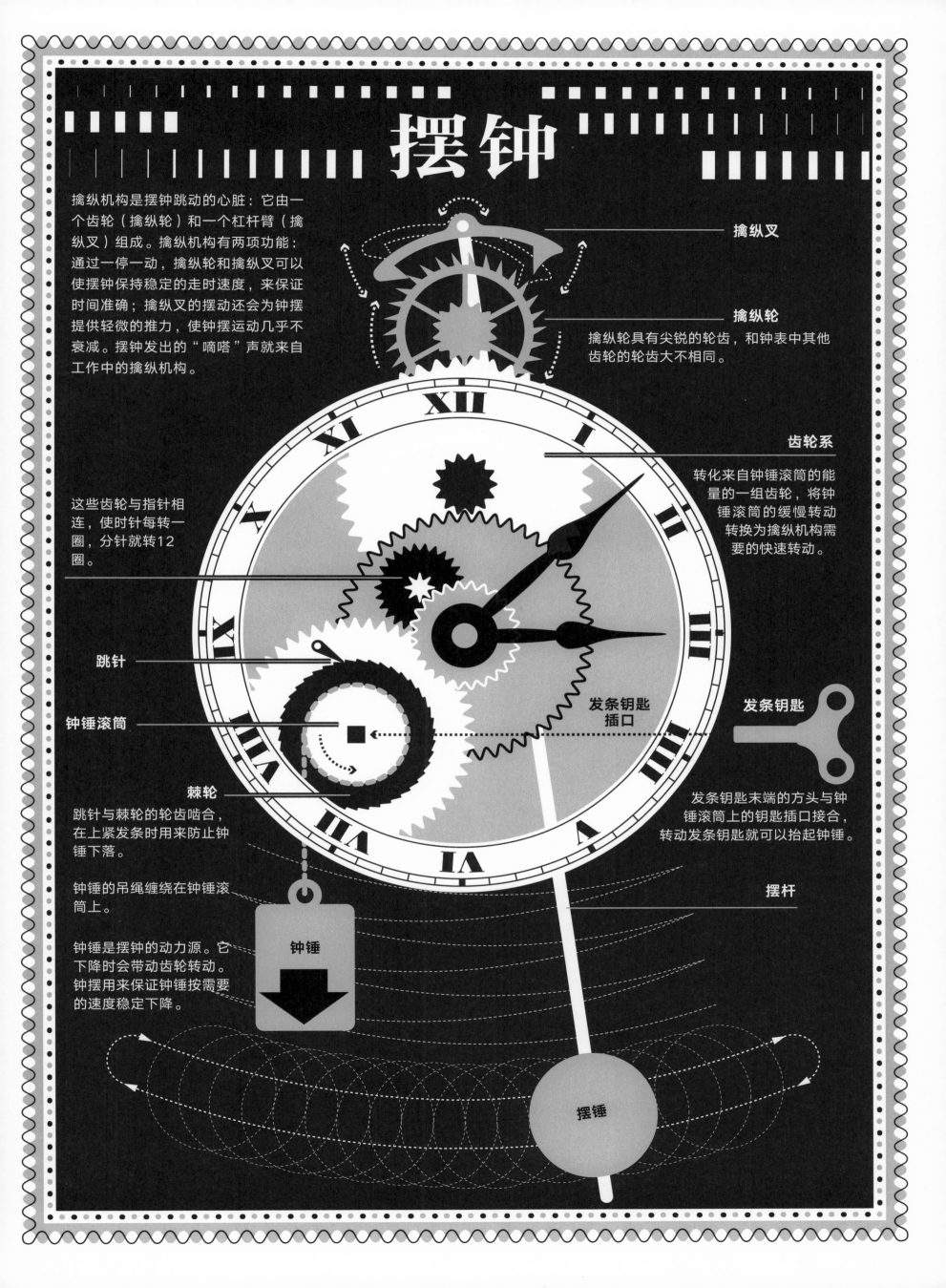

擒纵机构是摆钟跳动的心脏：它由一个齿轮（擒纵轮）和一个杠杆臂（擒纵叉）组成。擒纵机构有两项功能：通过一停一动，擒纵轮和擒纵叉可以使摆钟保持稳定的走时速度，来保证时间准确；擒纵叉的摆动还会为钟摆提供轻微的推力，使钟摆运动几乎不衰减。摆钟发出的"嘀嗒"声就来自工作中的擒纵机构。

擒纵叉

擒纵轮

擒纵轮具有尖锐的轮齿，和钟表中其他齿轮的轮齿大不相同。

齿轮系

转化来自钟锤滚筒的能量的一组齿轮，将钟锤滚筒的缓慢转动转换为擒纵机构需要的快速转动。

这些齿轮与指针相连，使时针每转一圈，分针就转12圈。

跳针

钟锤滚筒

发条钥匙插口

发条钥匙

发条钥匙末端的方头与钟锤滚筒上的钥匙插口接合，转动发条钥匙就可以抬起钟锤。

棘轮

跳针与棘轮的轮齿啮合，在上紧发条时用来防止钟锤下落。

钟锤的吊绳缠绕在钟锤滚筒上。

钟锤是摆钟的动力源。它下降时会带动齿轮转动。钟摆用来保证钟锤按需要的速度稳定下降。

钟锤

摆杆

摆锤

货币

在相对简单的生活形态中，人类并不需要货币。人们根据各自所需，相互间进行简单的以物易物的交换。然而当你的交换对象拥有你需要的东西，但他却不需要你提供的东西时，物物交换就没法进行了。

在世界上为数不多的几个封闭地区中，仍然生活着一些不需要铸币、纸币或信用卡的人。但对于大多数人来说，金钱已经成为生活中的核心观念。它是贮藏、衡量价值和商品交换的最方便媒介，它极大地简化了交易，尤其是在服务业中以及交易非常昂贵的物品时。

早期的货币

货币出现在5000年前，那时人们通过交换被公认为有价值的物品来完成交易，这样的物品就是早期的货币，比如牛、金属物品或一定量的谷物。在整个非洲和亚洲部分地区，宝贝——一种被当作珍宝的小贝壳曾经被广泛用作货币。但是这类实物货币都不如铸币方便，铸币小巧、标准、耐用而且有官方标注的价值。希腊历史学家希罗多德曾高度评价吕底亚（位于当今的土耳其西部）国王发明金币和银币的历史创举。可以肯定，公元前700年左右铸造的吕底亚铸币是考古学家们迄今为止发现的最古老的铸币。然而，铸币虽然出现了，但并没有广泛传播开，很久以后，印度人使用带印记的金属条作为铸币，而中国人则使用形如刀或铲的金属铸币买东西。

在公元前400年左右，中国人开始采用圆形铸币。等到了11世纪，中国人又发明了更好的支付和贮藏方式：银票。银票的原型是储蓄铸币时的收据，但很快就发展成为一种货币形式。银票由官府印制，参与交易的人们把它们当作与铸币等价的货币来使用。

沉重的货币

在大西洋上的雅浦岛，岛民们曾经用石轮作为传统货币，有些石轮直径达3.6米，根本无法移动。付款的时候，买家无须移动石轮，只需要同意石轮属于卖家了就行。在评估石币的价值时，尺寸并不是唯一的依据：一个更小的、打磨精良的、曾属于一个大人物的石币价值高于一个尺寸更大的、粗糙的且没有显赫归属历史的石币。

看不见的货币

现如今，银行转账、信用卡支付和其他电子货币已经让铸币和纸币支付显得十分原始。随着不同币种（见右页）之间的兑换越来越方便，以及在线支付的流行，我们的境外旅行越发舒适。如同银票曾经代表着可供交换的黄金的重量一样，如今电脑屏幕上的数字就可以代表我们所拥有的财富。但不变的是，信用仍然是维持货币流通的基础。如果我们觉得卖家不诚实，或者我们不相信银行会转付我们所支付的货款，那我们就不会点击屏幕上的"立即购买"按钮，而宁愿像过去一样用山羊去交换石斧。

中国元代的银票上有文字警告，伪造银票者将被斩首，而告发者将被奖赏8千克白银。

没有价值的货币

当印制钞票的政府垮台或者失去民众信任的时候，货币的价值便会萎缩，甚至价值全无。德国在第一次世界大战中战败后，国内通货膨胀急速恶化，德国马克的价值一落千丈。在1923年1月，一条面包的价格是250马克；10个月后，同样一条面包的价格涨到了233000000000马克。今天（本书出版时），委内瑞拉面临着同样的问题，每过两个星期，商品价格都会翻一番。

世界常用货币名称和代码

如今全世界流通的货币大约有180种，以下20种最为常用。

新加坡 S$ 新加坡元（SGD）

墨西哥 Mex$ 墨西哥比索（MXN）

新西兰 NZ$ 新西兰元（NZD）

印度 ₹ 印度卢比（INR）

瑞士 F 瑞士法郎（CHF）

中国 ¥ 人民币元（CNY）

中国香港 HK$ 港元（HKD）

加拿大 C$ 加元（CAD）

澳大利亚 A$ 澳元（AUD）

瑞典 Kr 瑞典克朗（SEK）

南非 R 兰特（ZAR）

土耳其 ₺ 新土耳其里拉（TRY）

韩国 ₩ 韩元（KRW）

英国 £ 英镑（GBP）

巴西 R$ 雷亚尔（BRL）

美国 $ 美元（USD）

欧盟 € 欧元（EUR）

俄罗斯 ₽ 卢布（RUB）

挪威 Kr 挪威克朗（NOK）

日本 ¥ 日元（JPY）

造纸术

造纸术传到欧洲时，引发了印刷业和知识界的一场革命。造纸术原本起源于中国，而纸最开始并非用于书写。

当文字最初出现在中国的时候，人们在龟壳、动物骨头和竹片上刻写象形文字。后来，他们用毛笔将文字书写在缣帛上。据传说，在公元105年，汉代官员蔡伦观察到胡蜂在修筑蜂巢时，在蜂巢内铺了一层木纤维，于是他便模仿它们，用碎布、渔网、树皮和植物麻为原料制出了纸，从此纸开始被用来书写文字。

更可信的说法应该是，蔡伦是第一个记录纸张制作工艺的人，而最早的纸出现在内蒙古，制作年代大约是蔡伦出生前两到三个世纪。不过这些纸过于松软，无法用来书写文字，通常被当作包装用纸或纸巾。

阅读和书写

纸诞生之后并没有立刻取代缣帛成为文人们的书写材料，迟至公元6世纪，人们仍在使用缣帛来写字。但在那个时候，聪明机智的中国人已经把纸用来制作衣物、帽子、风筝甚至茶叶包装袋了。中国人曾小心翼翼地保护造纸技术不外泄，但终究无法阻止它的传播。公元751年，唐朝与阿拉伯帝国之间发生怛罗斯战役，战后两位造纸工被阿拉伯人俘虏，他们的技术帮助阿拉伯人先在撒马尔罕，后在巴格达造出了纸。8世纪后半叶的巴格达繁荣昌盛，这座城市的造纸作坊在那个时期一度声名远扬，以至于希腊文中曾用单词"Bagdatixon"（巴格达迪克森）来指纸张。在随后

别浪费

如今，尽管电子媒体发展迅猛，但人类仍然在大量使用纸张。欧洲人平均每人每年消耗158千克纸，大致相当于他们体重的2.25倍。

的5个世纪中，纸使阿拉伯世界发生了显著的变化——书面文字取代了演讲，成为传播知识和信仰的主要方式。

造纸业的发展

在欧洲，纸取代了牛皮纸——由拉伸后刮得薄且平滑的小牛皮制成。最先是由穆斯林统治下的西班牙为欧洲引进了造纸术，随后在13世纪初，法国也出现了造纸作坊，英国也很快跟进，建立了自己的造纸厂。

造纸业起初是一种手工业，后来在欧洲慢慢发展成为机器工业。从13世纪开始，造纸作坊利用水车提供动力来驱使木制重锤，将碎布锤打成为蓬松的纤维纸浆。在法国人路易-尼古拉·罗贝尔（Louis-Nicolas Robert）发明将纸浆擀制成纸带的机器之前，将纸浆变为纸张一直需要繁重的手工操作。虽然今天的造纸机器更大、更快，但它们的基本原理和罗贝尔的造纸机是相同的。

无论怎样描述纸对我们这个世界的影响都不为过。造纸业的成功是印刷业取得成功的前提，也是人类知识能够广泛传播的重要条件。如果纸的发明没有推动印刷业的蓬勃发展，那么这项发明还会显得如此重要吗？

拿这个问题去问问那些可怜的小牛吧！

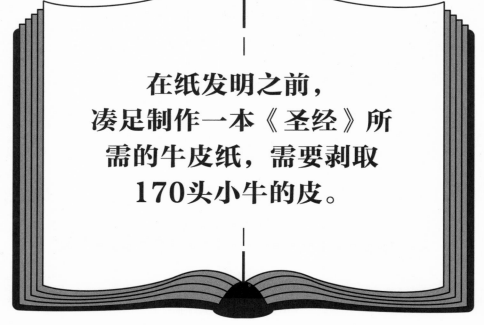

在纸发明之前，凑足制作一本《圣经》所需的牛皮纸，需要剥取170头小牛的皮。

手纸！
在欧洲人开始用纸书写文字的600年前，中国人已经把纸用作如厕用品了。

纸是如何制作的？

1. 用一种叫作树木收割机的大型机械砍伐森林中的树木。一棵树大约可以制作8000张纸。

2. 将原木装入滚筒剥皮机内剥离树皮，因为树皮会影响纸的质量。

3. 将剥皮后的圆木装入木片机中削碎成回形针大小的木片。

4. 在一个如同巨型高压蒸锅的蒸煮器中蒸煮木片，让木片软化并分离成细小的木纤维。

5. 通过筛分、洗涤、漂白制成纸浆——液体状的白色纤维浆。

废纸可以回收利用，来取代制造纸浆的大部分木纤维，这样可以节约水、能源和树木。但在每一次回收再利用中，纸浆中的纤维都会有所流失，所以在多数纸张的制作过程中，都会补充一些来自原木的纸浆。

6. 将纸浆倒在移动的过滤网上沥去纸浆中的水分，形成一条蓬松的纸幅。

7. 在造纸机的压榨部用滚轮挤压出纸幅里的水分。

8. 让纸幅通过烘干部进一步干燥。如有需要，会在烘干后进行涂布来制成更光滑、更亮的纸张。

9. 最后将纸卷在卷轴上，在后面的工序中它会被裁成一张张的纸。

火药

人们在追求永生时试图炼出长生不老丹，但在这个过程中却意外地提炼出了
"魔鬼的结晶"——昂贵而危险的火药。火药进而变成子弹和炮弹，
创造和毁灭了诸多帝国。

在一千多年前的中国，道教炼丹士的炼丹房里可谓集信仰、法术和科学之大成。在追求精神纯净和生命不灭的过程中，这些炼丹士们提炼出了纯度很高的黄色硫黄和白色硝石粉末。

在公元850年左右，他们把这两种化学物质和木炭粉末搅拌在一起，结果有了爆炸性的发现。他们发明的这种新药并没有能够让他们永生，反而在燃烧时发出了巨大、骇人的爆炸声。于是，他们把它叫作"火药"；西方人则把它称作黑火药。

人们起初并没有把火药用作武器的弹药，而是用在娱乐场景中营造"声势"。在中国古老的传统活动中，为了驱逐鬼怪，人们会把竹子扔进火中，竹管受热后会发出巨大的爆裂声。而改用火药可以营造出更出彩的声光效果。但火药的军事用途也是显而易见的：烟花爆竹放出的火花除了取悦皇帝，还可以点燃城中建筑的茅草屋顶。

随着火药的发明，中国古代的热兵器发展迅速。在1221年发生在金朝和南宋之间的蕲州之战中，每天发射的"火药箭"多达300余枚，甚至还出现了一种真正的炸弹——"铁火炮"。

欧洲人的军火

在公元13世纪，火药传入了欧洲，估计是由弗拉芒人卢布鲁克（圣方济各会士，曾奉法国国王路易九世之命出

使大蒙古国——编者注）以鞭炮的形式带回去的。欧洲人很快就意识到了火药的威力。在英法百年战争（1337—1453年）中，交战双方都使用了大炮作为摧毁敌方城墙的利器。

火药给战争带来了革命性的变化，使战争更具破坏力，也使战场更加喧闹。但火药的造价非常高：火药中3/4的成分是硝，而硝的提炼非常困难。硝来自被粪尿浸泡过的土壤，提炼不仅费时费力，而且提炼出来的硝晶量也非常少。

于是，战争的胜负开始取决于硝的拥有量。在1775年8月，乔治·华盛顿（George Washington）率领的革命军只有32桶火药，而英军（当时英国的硝产量处于世界领先地位）拥有充足的军火供应。如果不是荷兰和法国向革命军走私了1000多吨的硝和火药，美国人现在恐怕还要向大英帝国的米字国旗敬礼呢。

引爆娱乐

19世纪中期飞速发展的化学科学带来了新的、威力更大的爆炸物，但这些新爆炸物并没有将火药彻底挤出历史舞台。古代中国人的"火药"仍然是制作鞭炮的基本原料，而进行复古表演的"战士们"仍然需要用火药填充他们的老式武器。

粪土当年刺客谋

在1605年，盖伊·福克斯（Guy Fawkes）计划炸死英国国王和议会的全部议员。为此，他准备并搅拌了大约150吨臭烘烘的粪便和泥土，用来制造成吨的炸药。

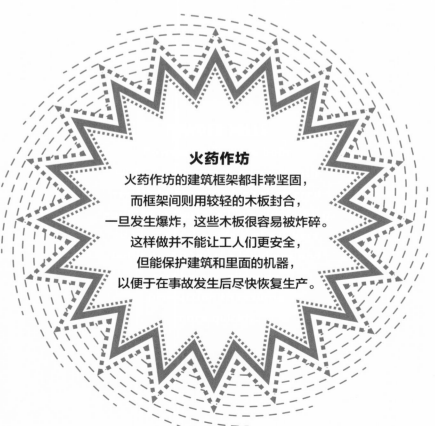

火药作坊

火药作坊的建筑框架都非常坚固，
而框架间则用较轻的木板封合，
一旦发生爆炸，这些木板很容易被炸碎。
这样做并不能让工人们更安全，
但能保护建筑和里面的机器，
以便于在事故发生后尽快恢复生产。

烟花爆竹

火箭烟花是最常见的一种烟花，它的基本结构是一个填充了火药的纸筒，火药燃烧喷发产生的推力
推动火箭烟花飞上天空。

锥形帽
保证火箭烟花沿正确的方向
平稳飞行

炮筒
火箭烟花的外壳

烟花药剂
提供各类烟花色彩和声响

推进火药层
填充炸药的地方

延烧端
减缓火药燃烧速度，用以控制爆炸时间

火药
可快速燃烧的火药，是烟花升入100米
高空的动力源

喷火口
通过小孔释放火药燃烧后产生的气体，
推动烟花升空

引线
烟花的点火部分

引线盖
点火前需要打开引线盖

烟花色彩的化学成分

红色	橘色	黄色
锶	锶和钠	钠

黄绿色	绿色	蓝色
钡和钙	钡	铜

紫色	金色	银色
锶和铜	碳	钛

不同颜色效果是由包着不同金属发色剂的小球燃烧时产生的。

各类烟花效果

群鱼戏水

仙人现掌

风摆纤柳

雏菊绽放

国色天香

雌蕊雄扬

星光灿烂

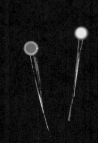

彗星划夜

银丝天挂

锦上添花

烟花虽然很漂亮，但里面的爆炸物会对人造成严重烧伤。
所以燃放烟花的事情请交给成年人去做，另外千万不要玩弄这些易燃易爆物，
也不要在好奇心的驱使下拆解它们。

指南针

在大约2200年前，一枚始终指着固定方向的针深深吸引了中国人，那就是指南针。
但指南针一直只是被当作一种新奇的玩具，直到航海家向世界证明，
指南针能为海上航行带来革命性的变化……

磁石看起来不过是普通的灰色岩石而已，但它却有一种特殊的物理性质：可以吸引铁制物体。如果用一条细线吊起一块磁石，它会自动与地磁场方向对齐，指向南北方向。

在中国汉代，磁石的这种奇异特性引起了堪舆方士的注意。在公元1世纪，他们使用一个旋转的勺子证明了这种特性，这个勺子停止旋转以后，勺柄总会指向南方。随后的一千多年里，中国旅行者们在乌云蔽日的白天或没有星光的夜晚，就使用这种原始的"指南针"来指路。然而，最先将指南针（或罗盘）作为辨方工具来开发利用的却是欧洲人。现在并不是很清楚欧洲人是从中国人那里了解到了指南针，还是在世界的另一头独立发明了这种装置。在12世纪末，英国学者亚历山大·尼卡姆（Alexander Neckam）就提到了"当整个世界笼罩在黑夜中的时候"水手们使用的指北针。

罗盘带来的灾难

罗盘如果工作不正常，那么不仅全无用处，甚至还可能导致灾难。1707年，一支英国船队在布满礁石的锡利群岛海域触礁沉没，2000多名水手落水溺亡。随后，英国海军检查了船队中的145个罗盘，发现只有3个工作正常。

冬季航海

罗盘对人类探索世界的进程产生了深远的影响，最早的影响出现在地中海。当帆船开始在西方发展起来的时候，地中海的水手们以太阳和星星为指引，操纵帆船在内海中穿行。但到了冬天，多云的天气使得航向难以判断，这时他们通常都会避免出航。罗盘的出现很快改变了这个局面。到了13世纪，威尼斯、比萨和热那亚的水手们开始在冬天出海。因为在一年之中能够有更长的时间安全出海，商人的运货量较之以前翻了一倍，这几座城市因此成为了最早的海运超级都市。

> **"罗盘是帮助水手克服恶劣天气影响的利器。"**
> ——《海员的故事》（*The Story of the Seamen*），约翰·福赛思·梅格斯（John Forsyth Meigs），1924年

到了哥伦布于1492年从西班牙出海探险的那个时代，罗盘导航已经成为很成熟的技术。虽然这位探险家夸口说自己可以凭借星星和太阳辨别方向，但实际上还是罗盘把他带到了"新世界"，并且将一块全新的大陆纳入了地球的版图。

更好的罗盘

在20世纪的新曙光来临之前，罗盘一直是海员们最重要的设备，但依靠地磁场工作的罗盘有两个主要缺陷，其一是罗盘的指向并不是严格的正北，其二是罗盘的指针方向会受到船体中铁制物体的影响。1906年发明的不依赖磁信息的陀螺罗经解决了这两个问题，它有一个带刻度的转盘，转盘上的各刻度始终指向固定方向。

今天，陆地、海洋和天空中的导航都依赖于定位卫星。但所有的船只，不论大小，都仍然携带磁性罗盘——以应对万一。

日长石

在11世纪，维京水手用一种奇特的石头——日长石来辨别方向。这种半透明的方解石晶体在迎向太阳时会变得更亮，即便是在看不见太阳的阴天也会这样。

地磁场

地球围绕着贯穿地理南极和地理北极的轴自转。而罗盘指向的地磁两极之连线——地磁轴与地球的自转轴之间相差11°，而且地磁轴角度还在不停地变化。

地磁场　　　　地磁北极　　　地理北极

地球的磁场产生于地球铁核中的电流，它向太空延伸出数万千米。地磁极在一天之内的偏移距离最大可以达到150米。

地理南极　　地磁南极

地磁场

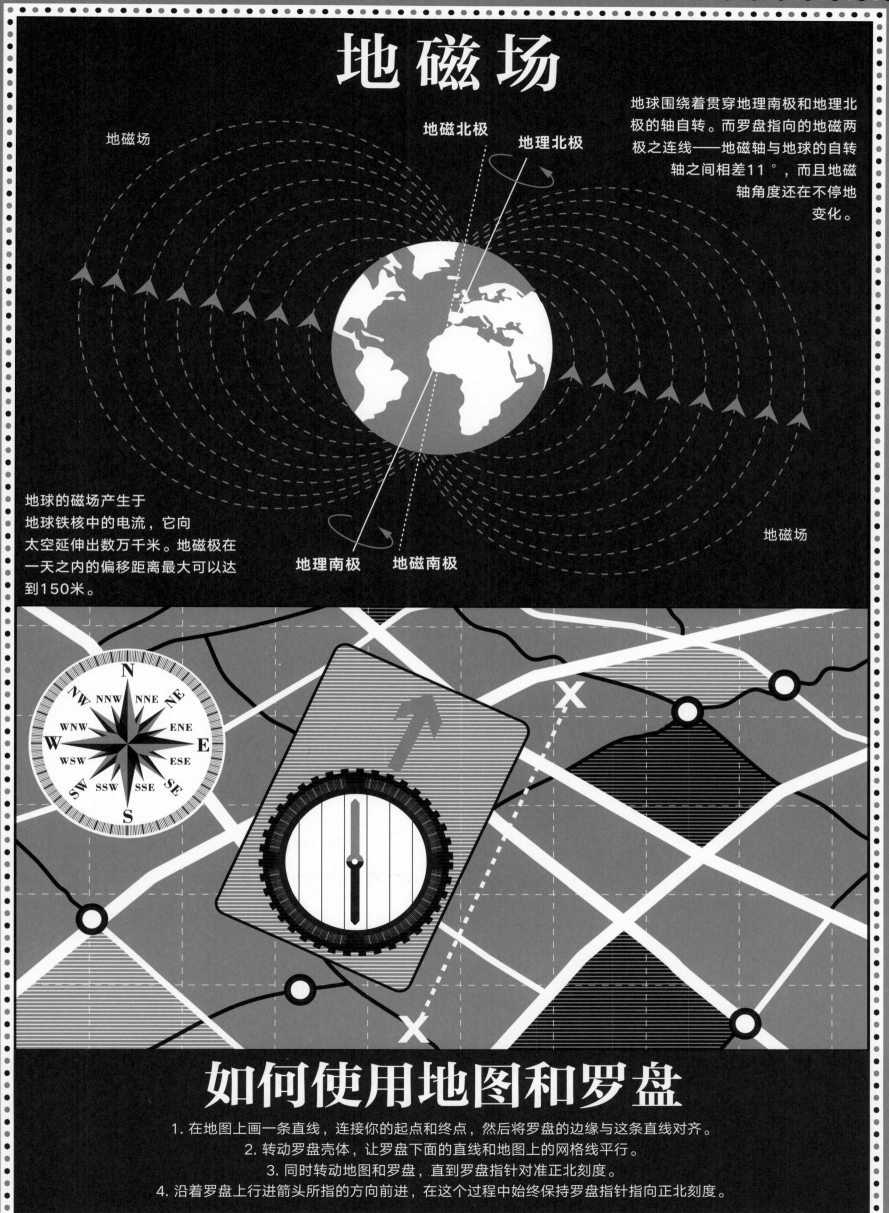

如何使用地图和罗盘

1. 在地图上画一条直线，连接你的起点和终点，然后将罗盘的边缘与这条直线对齐。
2. 转动罗盘壳体，让罗盘下面的直线和地图上的网格线平行。
3. 同时转动地图和罗盘，直到罗盘指针对准正北刻度。
4. 沿着罗盘上行进箭头所指的方向前进，在这个过程中始终保持罗盘指针指向正北刻度。

印刷术

**在1440年，一位德国珠宝匠为了还清贷款，将自己的一个秘密告诉了债权人。
而这个秘密将在宗教、科学和文化领域引发翻天覆地的变革。**

珠宝匠约翰·古腾堡（Johannes Gutenberg）的"秘密"是他发现了复制图书的新方法。在那时候，人们需要用笔和墨水逐字逐句地誊抄各类文字宝典。古腾堡的新方法称为印刷术，其实其中很大一部分称不上创新。他的印刷架来自葡萄酒压榨机；印刷用纸来自他生活了25年的斯特拉斯堡，彼时纸张已经取代了羊皮，成为书写材料；粘墨是从油画家那里借来的；而他用到的铸字工艺在珠宝业中已经有500年的历史了。

上当受骗！

可叹的是，古腾堡的发明并没有能够给他带来财富。诡诈的合作伙伴约翰·富斯特（Johann Fust）要求他还清贷款，无力还债的古腾堡因此失去了他的印刷机、他的工作以及他的工坊。

重要理念

古腾堡的过人之处，即他真正的"秘密"，是他运用这些技艺和材料的方法。他用自己制作的手工模具铸造出印刷用的铅字，然后将这些铅字排成单词、句子、章节，再蘸上墨水并用湿纸抹匀，最后一张接一张地将纸与印刷机压紧，完美的印迹就留在了纸上。

在位于德国美因茨的印刷厂里，古腾堡用这种巧妙的方法，以空前的速度完成了书籍的印制。他一直尽全力保护他的发明不为人窥探而外泄，但最后还是失败了。1462年，美因茨在一次小规模的战争中遭到劫掠，古腾堡的印刷术从此不再是秘密。到了1500年，整个欧洲至少有1000家印刷厂在开张作业。

我们需要更多的书！

正如古腾堡所期望的那样，活字印刷术的确大大增加了图书数量。在14世纪，手工誊写的书籍不足300万册；而在古腾堡发明印刷术以后的那个世纪里，大约有9000万

册图书被印制出来。而且，印刷业生产的不仅仅是图书，还有传播科学、宗教和政治新理念的各种小册子，以及1609年出现在斯特拉斯堡的印刷报纸。

古腾堡的印刷术在当今被称为凸版印刷，如今工艺品印刷还会使用这种方式，而大多数商业印刷采用的则是右页介绍的另外6种技术。在20世纪70年代后期计算机出现以前，人们的阅读方式并没有发生大的变化。实际上印刷术的出现也并没有立刻终结手抄书的产生，就像造纸技术出现后许多读者仍然钟情于羊皮卷——这也正像今天许多人仍然更喜爱纸质书而不是电子书一样。

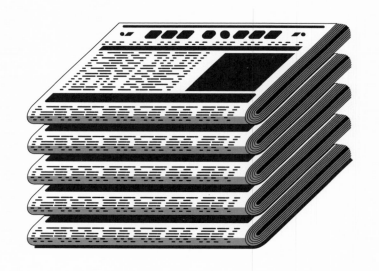

印刷术撼动了宗教体系

在印书之前，古腾堡印制过"赎罪券"：天主教会兜售的纸片，教徒购买它后就可以得到一条通往天堂的捷径，教会执事们通过贩卖这些赎罪券为教会筹集资金。很快，上百万张印刷出来的赎罪券遍布欧洲，这激怒了德国神父马丁·路德（Martin Luther）。1517年，路德公开指责教会腐败，这一事件最终导致了天主教会的分裂（史称"宗教改革"），使得基督教会分裂出天主教和新教两大阵营。

现代印刷工艺

平版印刷

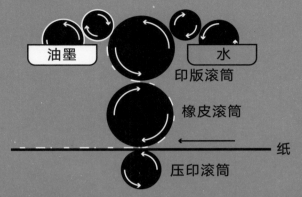

平版印刷技术出现在19世纪末，如今约有一半的印刷品使用该技术印刷。先在印版上用油性材料制作需要印制的图文；然后在印版滚筒上的着墨过程中，油墨只会附着在浸湿的印版上有油脂的图文部分上；通过印版滚筒与橡皮滚筒的滚动接触，印版上图文部位的油墨转移到橡胶布上；最后油墨再转移到橡皮滚筒与压印滚筒间的纸上。

凹版印刷

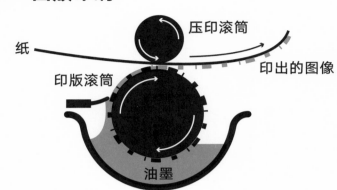

凹版印刷技术大约出现在1900年，它需要将所印文字和图案刻在印版上。油墨填充在印版的凹陷处，在印版接触印刷纸之前，用刮刀将多余的油墨刮净。凹版印刷的印制质量好，而且印版磨损较小，所以这种技术多用来印制流行杂志。

柔性版印刷

这是1890年的一项发明。柔性版印刷的印版上有凸起的图文，就像凸版印刷一样，但这种印版由柔性的橡胶制成。在印制过程中用网纹辊来传墨，使墨层均匀而厚实。柔性版印刷甚至可以将油墨印在光洁的表面上，比如金属和塑料表面，因此它被广泛用于包装印刷。

丝网印刷

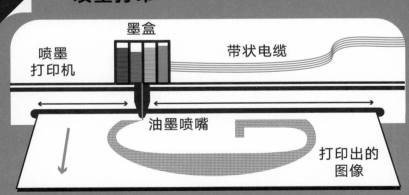

在一千多年前，中国的印刷工人就已经开始使用编织网来印制图像。在印刷前，工人制作出带图文的丝网印版，印刷时用软质刮板在丝网上刮过，使油墨渗过图文部位的网孔漏印到纸上。丝网印刷工艺简单，广为艺术家所喜爱。

喷墨打印

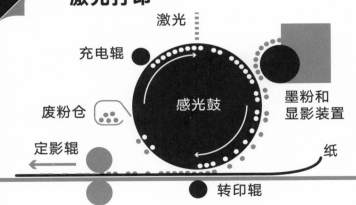

这项技术诞生于约50年前。喷墨打印机直接将黄色、品红色、青色和黑色油墨微粒喷射到纸上，无需印版就可以印出图像。纸张经过油墨喷嘴时，由打印机中的计算机芯片控制喷墨开关和喷墨量。

激光打印

在激光打印机内部，由图像转译成的数据决定了激光束的发射和关闭。激光扫描带有静电的感光鼓时，只会照射需要打印黑色图像的地方，使这些地方的静电极性发生反转，从而吸附碳粉粒子。定影辊里的加热灯发出的热量使碳粉熔凝在打印纸上。

透镜

透镜的英语单词"Lens"来自与它形状相似的小扁豆"Lentil"。一块玻璃
透镜可以把我们所处的立体世界奇迹般地转换成完美的平面图像。

最早的透镜由自然界中的天然水晶制成，在大约2500年前，人们用它们来将太阳光汇聚成灼热的、可以用来点火的光点。而透镜能够辅助视力的特性则最先由善于观察的罗马人注意到。在公元1世纪，哲学家普林尼和塞涅卡发现，透过装满水的玻璃球观察后面的物体，物体的影像会被放大。罗马皇帝尼禄也曾眯起眼睛，透过一块圆宝石矫正他的近视。

波斯开创者

对透镜的科学研究始于公元10世纪，波斯数学家伊本·沙尔（Ibn Sahl）在他的著作《论点火镜子与透镜》中描述了透镜使光线发生折射的能力，但那时透镜依然主要用来点火或当作放大镜使用。直到威尼斯和佛罗伦萨的工匠们学会了如何将玻璃打磨出柔和的曲面后，透镜的用途才发生了巨大的变化。这些"用于调整视力的小玻璃片"就是最初的眼镜，它们在14世纪初就已经得到了普遍应用。

> "与这里的图像相比，
> 所有绘画都黯然失色了。"
>
> ——1622年荷兰诗人康斯坦丁·惠更斯（Constantijn Huygens）第一次看到暗箱时这般感叹

利用透镜矫正视力到利用透镜投射影像仅有一步之遥：将一块透镜固定在百叶窗上，窗外的景象通过透镜可以在暗室里投下一幅上下颠倒的图像，拉丁语中将这个暗室称为 *camera obscura*（暗箱）。文艺复兴时期，意大利艺术家们发现了这个现象的价值，一种新的绘画技巧与美术理论应运而生，那就是透视法——一项突破性的创新，也是开启现代世界的标志之一。早在大概1420年，有些艺术家便开始运用透视法来创作自己的作品，由此引发了一场新现实主义革命。

最古老的透镜

世界上第一块透镜是什么样的？目前已知最古老的样品是1850年发现于尼姆鲁德（位于当今的伊拉克）的一个3000年前抛光过的圆形天然晶体。科学家们一直在争论，它究竟是一面用来点火的镜子，还是一面放大镜或者一个单片眼镜。

看到更远……和更近

在随后的3个世纪中，与不可质疑的信仰相比，怀疑和理性变得更加重要，而科学发展也突飞猛进，与此同时，透镜引发了另一场革命。大约是在1608年，荷兰眼镜制造商汉斯·利伯希（Hans Lippershey）发明了望远镜，让科学家们拥有了观察和研究广阔宇宙的工具。同样是在荷兰，显微镜也在同一时期被发明出来，为科学家们提供了观察微观世界的利器。

1838年，透镜带来了一个更惊人的奇迹。法国舞台背景画家路易·达盖尔（Louis Daguerre）将一块具有光敏性的镀银片放入了一个盒子大小的暗箱里。利用这个装置，他将透镜投射出的图像永久地保存了下来。他的这项被称为"带记忆的镜子""银版照相"或"摄影"的技术永久地改变了我们观察、理解和记录世界的方式。

奇特的配镜场景

在14世纪，到威尼斯的眼镜店购买眼镜其实就是碰运气。那时候没有视力检测手段，制作镜片的工人也没有掌握将镜片打磨成精确曲面的技能。所以顾客挑选眼镜的方法就是试戴，直到他们幸运地发现一副正好适合他们的眼镜。

暗箱

一个暗箱可以是一个带透镜的、折叠好的小盒子，但是如果我们把一个房间刷成黑色，将透镜安装在窗户上，那么这个房间也能变成一个暗箱，而且它会成为一个奇妙的观察世界的工具。

可旋转屋顶
在屋顶的小塔中安装一面镜子，用来将外部的景观反射到塔下方的透镜上。

透镜将反射进来的景象聚焦后投射到下面的桌子上，形成清晰的图像。

观察室天花板

观察室屋顶

观察室需要保持黑暗，因为任何多余的光线都会影响桌面上的成像细节。

制作一个暗箱，并不一定需要透镜。一个豌豆大小的小孔也能起到类似的作用，但经过小孔投射的图像会模糊得多。

可以通过摇动把手来转动小塔，获取不同的外景。

圆桌要足够大，能容下多人围在桌旁观察投影图像。

桌面要略有弧度，像一个浅浅的碗，这样可以弥补投影图像不完全平整所产生的偏差。

抽水马桶

我们通常不愿意看到、闻到或接触到人类的排泄物。抽水马桶基本满足了我们在这方面的要求和期望,但还需要一个前提——有一整套精心设计、造价不菲的排污系统。

水马桶是一项具有魔术技巧的发明。当它面对一个臭烘烘的问题时,发出一声水啸,有如魔术师挥舞魔杖喊一声"变!",就让一池浊物消失不见,只留下净水洁瓷。这种消失术将曾经污水横流、臭气熏天、健康隐患严重的城市变成了(通常情况下)气味洁净的现代城市。然而这个变化却来之不易,因为抽水马桶的发明颠覆了人类成百上千年来的废物处理方法和过程。

女王定制

早期的马桶没有冲水功能,人们会将排泄物倒进花园或地窖里的粪坑中。清理粪坑是又脏又令人厌恶的工作,做这项工作的掏粪工人被称作"夜土清理人"。他们把掏出的粪便装车送到乡下,卖给农民作为肥料。

英国女王伊丽莎白一世的教子约翰·哈林顿爵士(Sir John Harington)发明的"水箱(Water Closet)"结束了这种传统的回收利用方式,这也是厕所用W.C.标示的起源。在16世纪末,哈林顿在伦敦附近里士满区的皇家宫殿内专门为女王制造了这种设备。他承认,冲水次数越多,"气味越清新";但又补充说,每如厕20回冲一次水就够了。

哈林顿的发明让他小有名气,但这套设备在皇家宫殿和富人豪宅之外几乎全

卫生而且便宜

为全世界仍然缺少安全卫生的厕所的人们提供这项必要的生活设施需要3300亿美元,这还不到每年花在战争上的费用的1/6。

他并非发明者

在西方,维多利亚时代的工程师托马斯·克拉普(Thomas Crapper)的姓已成为厕所的代名词,但他并不是厕所的发明者。他之所以能够享此"盛名",是因为在19世纪七八十年代,他在伦敦开办了一家厕所产品公司,为英国皇家和富人提供卫生设备。

无用处,因为当时只有最富有的人家才装有自来水系统。3个世纪后,抽水马桶才成为大多数家庭享有的设备。但当抽水马桶刚进入普通人家时,却引发了一场公共卫生领域的灾难。

意外的后果

当伦敦人开始使用抽水马桶后,却出现了污水池盈满外溢的情况。为了解决这个问题,管道工人便把污水转排到了原本用来处理雨水的排水沟里。结果伦敦的井水和河水都受到污染,臭气熏天。在炎热的夏天更是出现了卫生危机:伦敦的饮用水被污水污染,致使市民中毒。1853年,霍乱开始在城市里流行,10000多人死于非命。立法者们最终才通过一项决议——建立一个覆盖全市的城市排水系统来解决这个问题。这个系统造价高昂,但效果明显。美国和欧洲其他国家的大城市都曾面临过类似的卫生问题,也都逐一采纳了类似的解决方案。抽水马桶和排污系统的结合将城市打造成了健康的宜居之地。

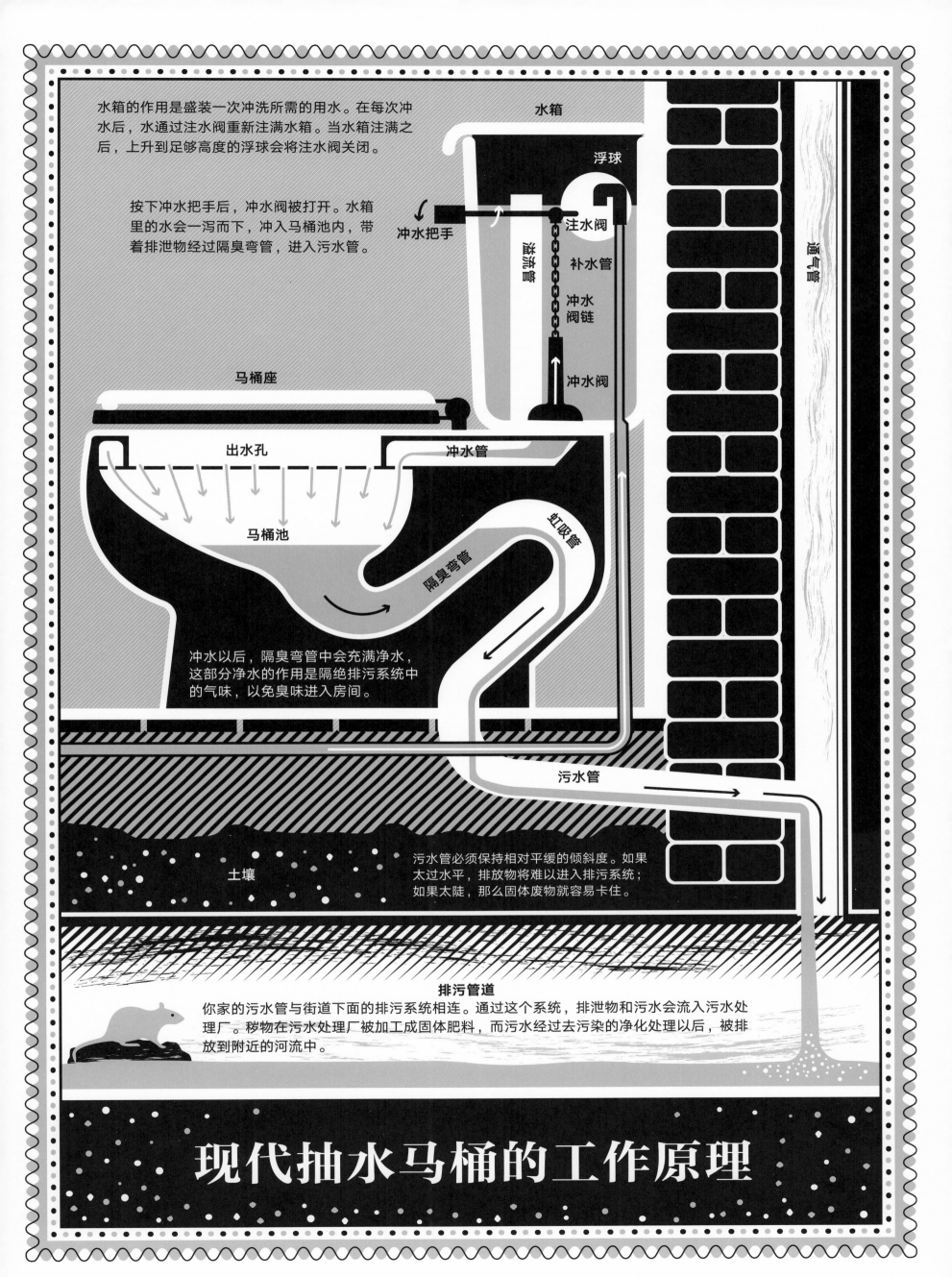

水箱的作用是盛装一次冲洗所需的用水。在每次冲水后，水通过注水阀重新注满水箱。当水箱注满之后，上升到足够高度的浮球会将注水阀关闭。

按下冲水把手后，冲水阀被打开。水箱里的水会一泻而下，冲入马桶池内，带着排泄物经过隔臭弯管，进入污水管。

水箱

浮球

冲水把手

溢流管

注水阀

补水管

冲水阀链

冲水阀

通气管

马桶座

出水孔

冲水管

虹吸管

马桶池

隔臭弯管

冲水以后，隔臭弯管中会充满净水，这部分净水的作用是隔绝排污系统中的气味，以免臭味进入房间。

污水管

土壤

污水管必须保持相对平缓的倾斜度。如果太过水平，排放物将难以进入排污系统；如果太陡，那么固体废物就容易卡住。

排污管道

你家的污水管与街道下面的排污系统相连。通过这个系统，排泄物和污水会流入污水处理厂。秽物在污水处理厂被加工成固体肥料，而污水经过去污染的净化处理以后，被排放到附近的河流中。

现代抽水马桶的工作原理

疫苗

挤奶姑娘一番得意的自夸激发了18世纪一位医生的强烈好奇心和探索欲，让他想到了一种
预防致命的天花的方法——将症状轻微的牛痘注入人体。这样的预防接种方式以及
后续的创新挽救了无数人的生命。

18世纪末，爱德华·詹纳（Edward Jenner）还在英国的一个小镇上当一名普通医生。但他精于思索，而且曾受教于那个时代最著名的医生，掌握了非常丰富的医学知识。当时坊间流传着"挤奶姑娘不会得天花"的说法，他对这个几乎已经成为常识的说法产生了兴趣，于是开始对这个民间结论展开系统和科学的研究（见右页）。

后来，詹纳在英国最具声望的科学机构皇家学会报告了自己在预防接种方面的发现，但却被告知他并没有足够的证据说明这种方法是有效的。于是，他又多次成功地重复了自己的实验，然后自费发表了他的著作。

这安全吗？

在今天，詹纳的实验会因为风险太大而不被允许用于医疗实践，但在当时他有足够的把握相信自己的方法不会伤害患者。因为在他之前，历史上有不少医生已经采用过类似的方法。早在公元1000年左右，中国的医生就曾把天花患者身上脱落的痘痂喷入被接种者的鼻子，用来预防这种疾病。在大约1717年，英国旅行者玛丽·沃特利·蒙塔古夫人（Lady Mary Wortley Montagu）在土耳其也见过疫苗接种，并让自己的孩子接受了这种预防措施。

拯救生命的工作

所以詹纳并不是第一个阻止天花传播的人，但是是他让那些持怀疑态度的医生最终相信疫苗接种（vaccination，来源于拉丁词*vacca*，也就是牛的意思）是有效的，而且

他的方法最终成为了最流行的预防天花的手段。詹纳的实验掀起了一场消灭天花的战争，这场战争直到1980年在世界范围内彻底消灭天花而告终，从此不再有人因为这种疾病而死亡。

追随詹纳脚步的研究者们对疫苗接种做了改进，他们为被接种者注射死去的或活性较弱的病原体来防御不同类型的疾病。据估计，在世界范围内，26种疫苗的接种每年能避免200万到300万例因麻疹、百日咳和破伤风等导致的死亡。这已经是一项非常伟大的成就，但研究者们认为，疫苗接种还可以做得更好，覆盖更广，世界卫生组织就一直致力于利用疫苗消灭更多的疾病。30年前，大约有350000个脊髓灰质炎病例存在，但在今天，这种疾病的每年确诊量在世界范围内已经少于24例，并且很可能在不远的将来会像天花一样成为历史。

幕后英雄

挤奶女工莎拉·内尔姆斯（Sarah Nelmes）曾经是一位牛痘患者，她当年从一头叫"花朵"的牛身上感染了牛痘病毒。现如今"花朵"的皮仍挂在伦敦圣乔治医院的一面墙上，詹纳曾是这家医院附属医学院的学生。

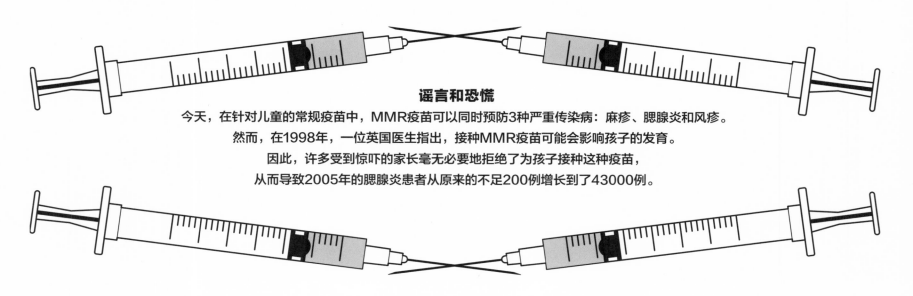

谣言和恐慌

今天，在针对儿童的常规疫苗中，MMR疫苗可以同时预防3种严重传染病：麻疹、腮腺炎和风疹。
然而，在1998年，一位英国医生指出，接种MMR疫苗可能会影响孩子的发育。
因此，许多受到惊吓的家长毫无必要地拒绝了为孩子接种这种疫苗，
从而导致2005年的腮腺炎患者从原来的不足200例增长到了43000例。

爱德华·詹纳
和疫苗接种的故事

在1766年，爱德华·詹纳还是一个十几岁的外科学徒。有一次，他偶然听到一个挤奶女工说："我才不会得天花呢，因为我曾经感染过牛痘，所以我永远不会长一张丑陋的麻脸。"

30年过后，詹纳医生决定检验一下这个说法。

挤奶女工莎拉·内尔姆斯也在挤奶工作中染上了牛痘。

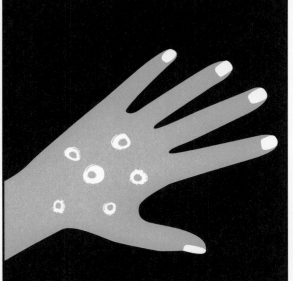

在为莎拉治疗手上因感染牛痘而出现的脓包时，他从脓包里采集了一些脓液。

然后，他在他家园丁8岁的儿子詹姆斯·菲普斯（James Phipps）的胳膊上弄出一道小伤口，再把采集的脓液揉了进去。

正如詹纳预先估计的那样，小詹姆斯出现了发烧和腋下疼痛的症状。

10天以后，小詹姆斯身上由牛痘引发的典型症状消失了，他恢复了健康。
6周后，詹纳接着做了一个非常冒险的实验……

詹纳从一个天花患者身上采集了脓液，再次揉进詹姆斯的身体里。当时天花患者的死亡率高达1/3，而且即使侥幸痊愈，幸存者也往往会失明或留下许多疤痕。

幸运的是，事实证明詹纳是对的。小詹姆斯获得了免疫保护，在经历了一番轻微病痛之后，他对可怕得多的天花有了顽强的免疫能力。

农业机械

最初的收割机不仅笨重、昂贵，而且性能不稳定，但对那些负担得起这些机械的农场主来说，它们仍然是普通农工的更好替代品，因为雇用农业工人更昂贵、更缺乏稳定性。

大约4000年前，用牛或驴牵拉的犁就是最早的农业机械。犁可以深翻土地来掩埋杂草，并把肥沃的土壤翻到地表面。随后的操作是用耙子耙平土地，准备播种。然而直到很久以后，农业工具的发明者们才把注意力转向农作物的收割环节。

艰苦的收割季节

扬场，也就是将谷壳从谷物中去除，是最先机械化的环节。从大约公元前2世纪起，中国的农民便开始使用扇车来去除稻米的外壳。迟至18世纪，当耶稣会的传教士们从东方带回这种机械以后，欧洲的农民才学会了这项技术，并且把这项技术改进来用于小麦的扬场。在18世纪30年代，苏格兰机械师迈克尔·孟席斯（Michael Menzies）设计制造了一款脱粒机。一个世纪之后，大约在1826年，另一个名叫帕特里克·贝尔（Patrick Bell）的苏格兰人制造出了马拉收割机，因为没能获得专利，这种收割机曾经被大量复制生产。

所有这些机器都极大地减轻了作物收割时繁重的体力劳动。比尔的收割机一小时的收割量相当于一个农工用镰刀劳作一天的收割量，极大地降低了工作强度。然而，农业机械也让成千上万的农工失去了工作机会，导致1830年

在英国南部和东部发生了多起农工群体骚乱事件，在骚乱中他们砸毁了许多农业机械。

寡妇杀手

在日本，脱粒机有一个绰名叫"後家殺し"，意思是"寡妇杀手"。因为以前脱粒工作通常都是由年迈的妇女来做，脱粒机出现后，她们既没有操纵新设备所需的气力，又找不到其他合适的工作。

快速发展的农业机械

尽管反对者众，农机的发展仍然势不可挡。就在比尔发明了收割机十年之后，集收割、脱粒和扬场为一体的联合收割机就面世了。最早的联合收割机使用骡子或马作为动力，随后改用蒸汽机，再后来改用汽油动力的拖拉机。最先开始使用联合收割机的国家是美国和澳大利亚，这两个国家的农田平整广袤，非常适合机械化耕作和收割。随后这种机械很快便在全世界得到广泛应用。现代联合收割机集成了早期机器的各项功能，而且效率和自动化程度都更高。机械操作员坐在舒适的带空调的驾驶室里，控制农机利用卫星导航来确定作物的分布位置，并测定产量，以此确定来年肥料的喷洒位置和喷洒量。自动化技术也将很快促成农业耕作无人化的实现，如今在英国的什罗普郡，无人驾驶的农业机械已经可以完成翻地、播种和收割等一整套流程。

有关收割的迷信

收割机的发明者们在当时必须在暗地里进行发明创造，因为有些农民相信一个迷信的说法——机器是反自然的。为了保密，贝尔把谷物的茎秆插在粮仓里来进行收割机的初始试验，随后的试验则是到晚上才在麦田里完成的。

"那些拉着第一代脱粒机不停转圈的可怜马儿们一定走得晕头转向。"

——《农民的工具》（*The Farmer's Tools*），
G.E.富塞尔（G. E. Fussell），1952年

联合收割机

联合收割机采用了一整套设计巧妙的机械组合来完成3项基本收割任务，这些任务以前都是靠手工完成的。
收割机前端是12米宽的切割机，经过收割、脱粒和扬场的全过程以后，收割机将谷粒堆放在一个粮仓里，
同时把切断搅碎的谷物秸秆喷撒在田地里。

收割

人工收割小麦时，农工需要用镰刀把麦秆从接近地表处割断，然后将割下来的小麦铺晒晾干。

脱粒

用连枷拍打干燥的麦穗，使麦粒和秸秆分离，同时将包裹着小麦籽粒的麦麸拍松。

扬场

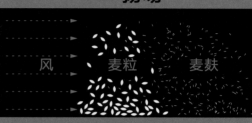

风　麦粒　麦麸

为了将籽粒和麦麸分离，传统的办法是将谷物扬在空中，借助风力将较轻的麦麸吹离籽粒。

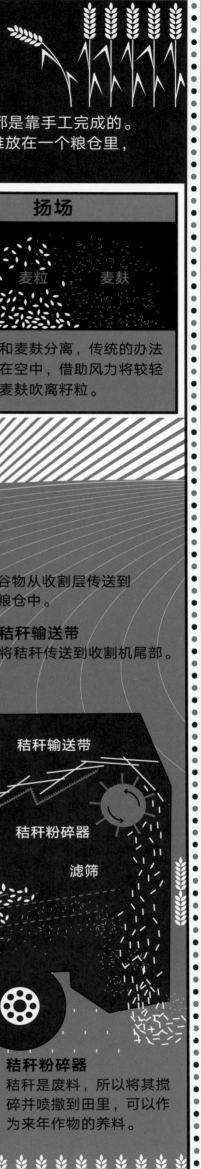

升运器
用来将谷物从收割层传送到上方的粮仓中。

粮仓
当收割机的粮仓装满以后，会用拖拉机拉来车斗停在收割机旁，然后将粮仓中的粮食卸载到车斗中。

秸秆输送带
将秸秆传送到收割机尾部。

驾驶室

脱粒器
一个齿状转轮，用来将谷粒和秸秆分离。

粮仓　升运器

脱粒器

秸秆输送带

秸秆粉碎器

滤筛

喂入装置

风扇

拨禾轮

切割器

拨禾轮
拨禾轮转动缓慢，用来将作物推向切割器。

切割器
切割器的剪刀状刀叶将作物在接近地表处切断。

喂入装置
这个装置是一个传送带，将谷物送到收割机的处理区。

风扇
转动产生风力，分离籽粒和麦麸。

滤筛
将混在籽粒中的碎石和部分麦麸筛除。

秸秆粉碎器
秸秆是废料，所以将其搅碎并喷撒到田里，可以作为来年作物的养料。

蒸汽机

300多年前，从水壶口喷出的像白色羽毛一样的蒸汽居然掀起了一场影响全世界的工业革命。而在今天，蒸汽机似乎已经成为过气的历史遗物，但其实在许多方面它们仍然大有用场。

从人类有史以来直到18世纪，能够助人和动物一臂之力的外力主要是风力和水力。在这两种自然力的驱使下，风车和水车推动机器，替代了许多繁重的体力劳动。然而大自然变幻无常，一旦遇上风力减弱或干旱天气，依赖风力和水力的工厂就不得不停工停产。蒸汽机的出现彻底改变了这种状况，它可以在任何需要的时候提供省时省力的动力。

采矿工艺

蒸汽机时代并非开启于铁路机车的兴起，而是始于水泵的改良。在1712年左右，英国康沃尔郡的铁匠和传教士托马斯·纽科门（Thomas Newcomen）设计了一种利用蒸汽推动活塞运动的装置，它的工作流程是：先向汽缸里充入蒸汽，将活塞向上推，然后关闭蒸汽阀门，向汽缸中喷水，让蒸汽降温变回水，汽缸内形成真空，利用大气压力再将活塞压回来。活塞与一根横梁相连，横梁在活塞的带动下上下运动，进而带动横梁另一端的连杆装置上下运动，而连杆则与矿井下的抽水泵相连，带动水泵工作。这是一个效率低下、燃料耗费巨大的庞然大物，但是在半个多世纪的时间里，纽科门这个用来抽水的发明是确保深层矿井无水作业的唯一方法。直到1763年，当苏格兰工程师詹姆斯·瓦特（James Watt）接到一个维修任务——修好一个纽科门蒸汽机模型时，这个设计才得到了

偷懒的操作员

为了维持纽科门抽水泵的正常工作，需要雇用一些小男孩有规律地开关阀门，这些孩子被称为"开关男孩"。在1713年的一天，有一个名叫汉弗莱·波特（Humphrey Potter）的开关男孩在当班时想离开岗位去找小伙伴玩耍，看着头顶上上下运动的横梁，他灵机一动，用一根绳子把横梁和阀门的开关巧妙地系在一起，于是横梁在运动过程中自然完成了阀门的开合。

蒸汽的灵感

在康沃尔郡流传着一个传说，讲述了纽科门抽水泵的灵感来源：这位发明人看到茶壶的壶盖在蒸汽的推动下一起一落时受到了启发。

马力和瓦特

第一台蒸汽机的功率相当于5匹马的工作效率。到了1800年，最好的蒸汽机产生的动力已经超过了170匹马产生的合力。在今天"马力"仍然被用作衡量发动机动力强度的一个单位，瓦特的名字也被作为功率单位，它们之间的换算关系是1马力≈735瓦特。

改进。瓦特很快就意识到纽科门的设计浪费了大量能源，因为在活塞运动的每一次循环中，汽缸都要经过加热和冷却两个环节。通过设计一个分离式冷凝器，瓦特大大提高了蒸汽机的工作效率。

时代的荣耀

瓦特的蒸汽机推动了工业革命——一场持续了一个世纪的、用机器取代人力的深刻变革，也引发了交通运输领域的革命。从1781年开始，蒸汽机成为工厂中各类机械的动力源，并且很快设计得越来越小巧，小到可以装在车辆上为车辆提供动力。这些变化带来的冲击已经远远超出了英国本土范围，在随后的半个世纪里，瓦特向19个国家出售了110台蒸汽机。众所周知，由蒸汽机车引发的全新旅行方式缩短了各地之间的距离，促使人们重新选择自己生活、工作和休闲的地区。蒸汽机实际上已经成为几乎所有机械的源动力。当然，在19世纪80年代电力出现以后，所有这一切再次改变。嗯……似乎也未必尽然，因为发电的主要方式是将水加热，产生——蒸汽。喷射出的蒸汽驱使与发电机相连的涡轮机转动，带动发电机产生电力。即便在今天，蒸汽轮机仍然用于火力发电厂、燃气电厂以及核电站，为世界提供4/5的电力。

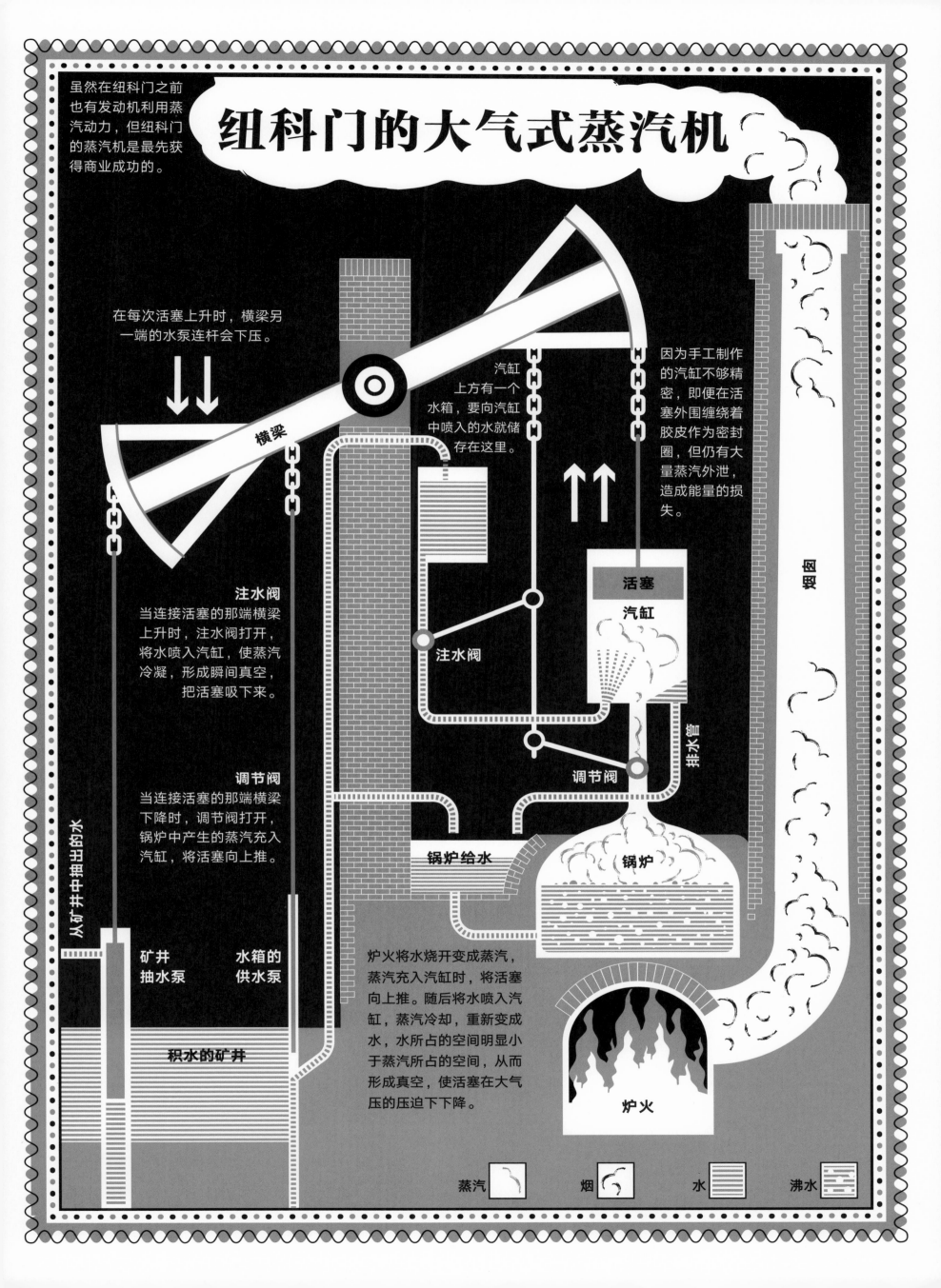

纽科门的大气式蒸汽机

虽然在纽科门之前也有发动机利用蒸汽动力，但纽科门的蒸汽机是最先获得商业成功的。

在每次活塞上升时，横梁另一端的水泵连杆会下压。

横梁

汽缸上方有一个水箱，要向汽缸中喷入的水就储存在这里。

因为手工制作的汽缸不够精密，即便在活塞外围缠绕着胶皮作为密封圈，但仍有大量蒸汽外泄，造成能量的损失。

烟囱

活塞

汽缸

注水阀
当连接活塞的那端横梁上升时，注水阀打开，将水喷入汽缸，使蒸汽冷凝，形成瞬间真空，把活塞吸下来。

注水阀

排水管

调节阀
当连接活塞的那端横梁下降时，调节阀打开，锅炉中产生的蒸汽充入汽缸，将活塞向上推。

调节阀

从矿井中抽出的水

锅炉给水

锅炉

矿井抽水泵

水箱的供水泵

炉火将水烧开变成蒸汽，蒸汽充入汽缸时，将活塞向上推。随后将水喷入汽缸，蒸汽冷却，重新变成水，水所占的空间明显小于蒸汽所占的空间，从而形成真空，使活塞在大气压的压迫下下降。

积水的矿井

炉火

蒸汽　　烟　　水　　沸水

钉子

看似不起眼的钉子曾经改变了历史的发展方向，成为了一场革命的诱因，
也为美国城乡开创了以木框架为主体的建筑模式。

钉子是最古老的建筑材料之一。古希腊人和古罗马人都曾用过钉子，但用得很少，因为金属很贵重。其实在19世纪以前，钉子一直十分昂贵，所以欧洲的木匠们很少在传统木建筑中使用钉子，而是精心将木料的末端切削成复杂的榫卯结构，然后用橡木销子固定和连接起来。钉子之所以昂贵并不完全是因为金属的稀缺，还因为制造钉子本身就不是一件容易的事情。一个手艺娴熟的铁匠一天也只能做出200到300枚钉子而已。

无权自产钉子

到了18世纪，钉子成为了英国的高收益出口产品。而这竟然成为美国独立战争的主要诱因之一，在发生于1775—1783年的那场战争中，北美地区的英国移民揭竿而起，为争取独立而抗争。当时的英国立法机构坚持要求美国殖民地的人民必须从英国购买所有工业产品，英国政治家查塔姆勋爵（Lord Chatham）曾说道，"殖民地的人民连生产一枚钉马掌的钉子的权利都没有"。

在赢得独立战争的同时，美国人也赢得了制造钉子和他们想制造的其他任何东西的权利。美国发明家们进而改进了制钉工艺，采用简单的机械设备加快了钉子的制造速度。之后，大约在1796年，马萨诸塞州的金匠雅各布·珀金斯（Jacob Perkins）发明了一台水力机械，将切割钉尖和锤打钉帽分为两个环节完成。珀金斯的制钉机可以在5天内做出上百万枚钉子，大大降低了钉子的价格。在1790年，一磅（约454克）钉子的价格是25美分；到了1828年，同样重量的钉子的价格降到了8美分；等到了1842年就只要3美分了。

钉子的年份
因为不同时期生产的钉子形状大为不同，所以考古学家可以根据建筑中使用的钉子来判断一座古建筑的修建时间，有时候这种估算的误差甚至小于一年。

"我就是个制造钉子的。"
——美国总统托马斯·杰斐逊（Thomas Jefferson），1795年

一种新型建筑

价格低廉的钉子反过来改变了建筑行业。在19世纪30年代的芝加哥，木匠们一改过去将几条沉重的大梁卯合起来的传统方式，而用钉子把许多小型木板钉在一起，作为房屋的基本框架。采用这种技术，仅需一个星期就可以建好一座看起来既轻巧又美观，但好像一阵清风就能刮走的房子。在这种房屋结构刚出现的时候，批评者们嘲笑它为"气球框架"，但后来他们自己也接受了这个新事物，因为用这种方式建房，成本至少可以降低1/3。而且这种方式对技术的要求也不高，一个男人加一个男孩就可以完成原本需要20个技艺精湛的匠人才能完成的工作。

很快，全美国每5座房子中就有4座采用了这种"气球框架"，这意味着机制钉子创造了一种全新的建筑风格。如今，虽然美国人把这种平面木结构的轻型建筑当成自己的独特传统引以自豪，但其实这种钉子加木板的简约方式已成为全世界人们建造民居和其他小型建筑的标准模式。

防爆"气球"

尽管外表看起来有些单薄，但这种用钉子钉起来的房子实际上非常结实。正如托马斯·埃迪·塔尔梅奇（Thomas Eddy Tallmadge）在他的著作《芝加哥的古老建筑》（*Architecture in Old Chicago*）中所说的那样："'气球结构'的房子就像巨大的风滚草，在龙卷风的肆虐中在草地上翻滚，但房子本身却并未受到严重的损伤。"

钉子
的生产过程

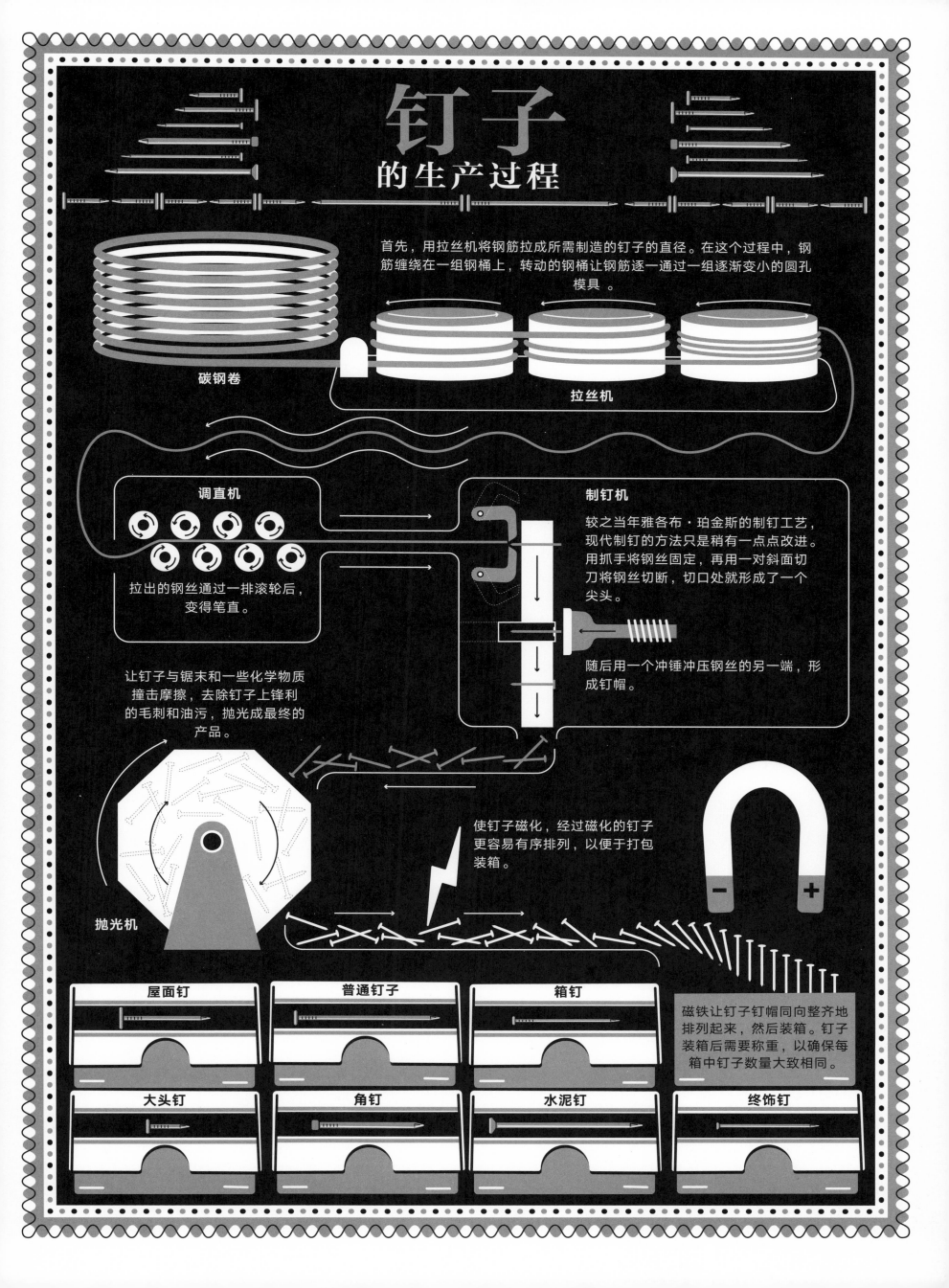

首先，用拉丝机将钢筋拉成所需制造的钉子的直径。在这个过程中，钢筋缠绕在一组钢桶上，转动的钢桶让钢筋逐一通过一组逐渐变小的圆孔模具。

碳钢卷

拉丝机

调直机

拉出的钢丝通过一排滚轮后，变得笔直。

制钉机

较之当年雅各布·珀金斯的制钉工艺，现代制钉的方法只是稍有一点点改进。用抓手将钢丝固定，再用一对斜面切刀将钢丝切断，切口处就形成了一个尖头。

随后用一个冲锤冲压钢丝的另一端，形成钉帽。

让钉子与锯末和一些化学物质撞击摩擦，去除钉子上锋利的毛刺和油污，抛光成最终的产品。

抛光机

使钉子磁化，经过磁化的钉子更容易有序排列，以便于打包装箱。

磁铁让钉子钉帽同向整齐地排列起来，然后装箱。钉子装箱后需要称重，以确保每箱中钉子数量大致相同。

屋面钉　普通钉子　箱钉

大头钉　角钉　水泥钉　终饰钉

高层建筑

19世纪中叶，钢铁产品供应充足、价格便宜，工程师和建筑师们才得以一展身手，在城市中建造摩天大厦。当然，如果没有电梯，这些庞然大物里面将空空如也。

对一个健康的人来说，爬一层楼梯不在话下，但如果是3层或者5层楼梯，怕是会让大多数人气喘吁吁。在19世纪初的美国，爬楼梯要付出的努力意味着酒店和办公楼里最受欢迎的房间——同时也是最贵的房间——都在最低的楼层。电梯的发明解决了爬上顶楼的难题，但是当时的电梯有严重的质量信誉问题，乘坐者经常担心万一拽引绳断了，他们就只能在下坠的轿厢里尖叫了。

更安全的电梯

1852年，美国电梯制造商伊莱沙·奥蒂斯（Elisha Otis）设计了一款"安全电梯"，这款电梯带有一个刹车装置，可以咬住电梯井的边缘。当电梯的拽引钢丝绳拉紧运行时，刹车装置就处于放松状态；一旦拽引绳断裂，刹车装置就会自动弹出，阻止轿厢下坠。

在纽约的一次产品展销会上，奥蒂斯以令人目瞪口呆的方式推广了自己的产品。当他乘坐一部开放式电梯上升到很高的高度时，他上方的助手突然剪断了电梯的拽引绳。电梯随即下降了仅仅几厘米便安全地停了下来。对这一幕留下了深刻印象的地产商们都在自己的新建筑中装上了这款电梯。1860年以后，纽约所有的酒店都装上了电梯。

摩天大楼的诞生

故事到此本来就该结束了，但安全电梯的出现又成了开启摩天大楼时代的钥匙。铁路

和电报的出现让交通和通讯更为便捷，城市的地价随之呈螺旋式上升。建筑形式也同样发生了改变。受限于宽厚的承重砖墙，旧式建筑一般都不高于5层，并且室内面积也被砖墙侵占了不少部分。到了19世纪中期，出现了一种称为"贝塞麦"的新型炼钢工艺，大大降低了建筑大梁的成本。开发商们开始使用钢制建筑框架，这种框架几乎可以支撑任何高度的建筑。

如果没有电梯，高层建筑就失去了存在意义，因为没有人愿意租用5楼以上的房间。电梯的出现让大家的意愿发生了反转：高层房间远离街道上的噪声和灰尘，而且采光更好，于是顶楼成了大家都喜欢的地方，无论是用来居住还是用来工作。电梯改变了城市的天际线，用玻璃、钢铁和混凝土建造的各式各样的摩天大楼插入云天，交错有致，赏心悦目。

专用电梯

在19世纪的美国，一个女人和一个她不认识的男人待在同一个房间里被认为是不合适的。所以，建于1870年的芝加哥太平洋酒店安装了两部电梯，一部供男人和夫妻使用，而另一部专供独自出行的女士使用。

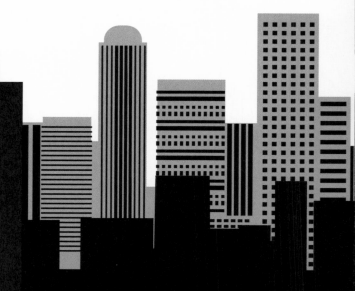

"这里的人们发现周围有点拥挤，便把大街的一端翘起来，然后将它称作摩天大厦。"

——1899年苏格兰记者威廉·阿彻（William Archer）这样形容纽约

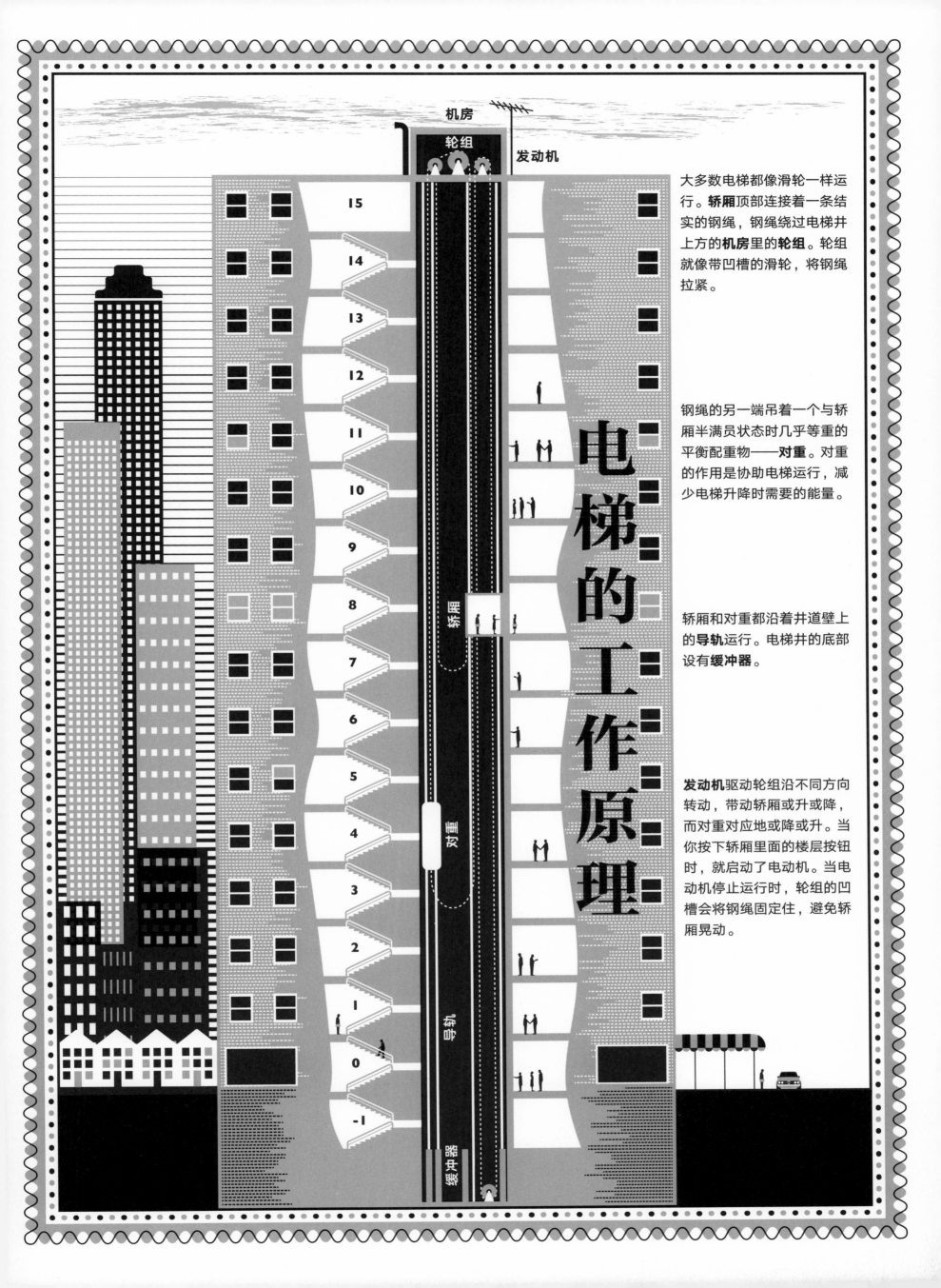

机房
轮组
发动机

15
14
13
12
11
10
9
8
7
6
5
4
3
2
1
0
-1

轿厢

对重

导轨

缓冲器

电梯的工作原理

大多数电梯都像滑轮一样运行。**轿厢**顶部连接着一条结实的钢绳，钢绳绕过电梯井上方的**机房**里的**轮组**。轮组就像带凹槽的滑轮，将钢绳拉紧。

钢绳的另一端吊着一个与轿厢半满员状态时几乎等重的平衡配重物——**对重**。对重的作用是协助电梯运行，减少电梯升降时需要的能量。

轿厢和对重都沿着井道壁上的**导轨**运行。电梯井的底部设有**缓冲器**。

发动机驱动轮组沿不同方向转动，带动轿厢或升或降，而对重对应地或降或升。当你按下轿厢里面的楼层按钮时，就启动了电动机。当电动机停止运行时，轮组的凹槽会将钢绳固定住，避免轿厢晃动。

电话

许多重要发明的来源都存在一些混乱和争议。比如，起码有6位发明家都宣称他们设计出了电话，但我们记住的仅仅是他们中的一个。

我们现在很难想象没有电话的生活会是什么样子，因为现代手机几乎可以为我们做任何事情。除了帮助我们经常与家人朋友联系，手机还可以用来上网、记事、翻译、导航，甚至可以在我们还没到家的时候远程开启家里的暖气。

电话（最早有线的那种）是亚历山大·格拉汉姆·贝尔（Alexander Graham Bell）的一项著名发明。在1875年，贝尔试图寻找一种可以用一根导线传输多条信息的方法。当他的助手拨动线圈旁的一个金属簧片时，由此产生的电流流经与线圈相连的电缆，在隔壁房间里一个类似的簧片上发出了"哔"的声音。那一刻就成为了预示着电话面世的"我找到了！"的瞬间。经过进一步的实验，贝尔优化和完善了他的"传送语音和其他声音的电力通讯设备"，然后申请并获得了专利，藉此富裕起来。

"切，这不过是个玩具！"

——1876年，有人向贝尔的岳父加迪纳·格林·哈巴德（Gardiner Greene Hubbard）演示他女婿发明的电话后，老岳父一脸不屑

那就是最早的电话吗？

这看似是一个简单的故事，但它其实是一个复杂故事的其中一环。早在20年前，贫穷的意大利移民安东尼奥·梅乌奇（Antonio Meucci）就在他纽约的家中安装了一部电话。由于缺乏商业运作能力，而且不会讲英语，这位发明家面对复杂的专利申请程序一筹莫展，最终无法保护自己的发明。当贝尔的电话问世以后，梅乌奇（还有其他的电话发明人）都没有能成功地挑战贝尔"电话第一人"的地位。关于"是谁发明了电话"的争议长久而激烈，但的确是贝尔的电话最终成为被广泛接受的商业产品。

电击下的发明

梅乌奇的"会说话的电报机"的灵感来自1849年的一次偶然事件：在用电击法治疗一位患者的偏头痛时，在含在嘴里的电极发出的电流刺激下，患者痛苦地喊出声来，叫声通过一条铜线传到了正在隔壁房间的梅乌奇耳朵里。

无线？

和爱迪生的电灯（见第36页）一样，如果没有电缆的支持，电话同样毫无用处。但此时贝尔已经万事俱备——那时候电缆系统已经成形。在他的发明出现之前的35年间，用来传输莫尔斯电码的电缆网络已经遍布全球。利用同一条电缆，电话只需要用声音信号代替莫尔斯电码生成的电脉冲就可以了。在随后一个多世纪中，早期充满噪声的电话逐渐改进得音质清晰、信号流畅。直拨和数字交换技术则进一步提高了电话交流的便利程度和通话质量，尤其是在1915年国际电话开通以后，我们的世界就真的变小了许多。即便在20世纪80年代利用电话线拨号上网的技术出现时，我们所使用的电缆网络和贝尔发明电话时所使用的电缆网络差别也不大。一直到1979年在日本出现第一代无线通信网络之前，我们都在依赖一根铜线来与超出喊话距离的人进行语音交流。

假如生活没有它？

生理学界在2017年对2000人进行的一次调查显示，人们对失去手机的恐惧几乎等同于对恐怖袭击的恐惧。

电话的发展历程

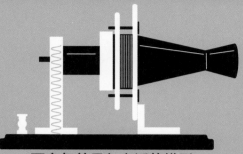

一百多年前贝尔电话的模型
1876

第一部进入商业市场的电话
1877

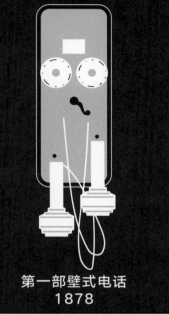

第一部壁式电话
1878

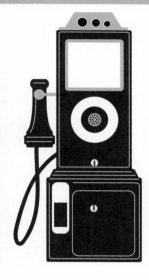

第一部投币公用电话
1889

第一部桌面电话
1892

第一部拨号盘式电话
1892

桌面电话
1930s

美国西电500型电话
1949

按键式电话
1960s

超高频无线电话
1964

手提移动电话（大哥大）
1973

内置天线的移动电话
1998

触屏智能手机
2002

电力

对19世纪的科学家来说，电充满了新奇的特性，它能放出火花，产生热量，还会流动。但是电力的实际应用则意味着要有一个既能发电，又能输电的完整工业体系。

电力在我们的生活中几乎无处不在，以至于我们很难再注意到它——只有在突然断电的时候，我们才会感受到它的不可或缺。而当我们的计算机、电话、电饭锅和电暖器统统断电，晚上我们置身于彻底的黑暗中时，我们才会意识到，没有什么电器比电灯更重要。最早的电灯是弧光灯，这种灯源因为过于明亮，所以只能作为路灯使用。那时候的发明家们致力于发明一种可以用于室内的电灯，他们中第一个取得成功的是约瑟夫·斯旺（Joseph Swan）。在1878年，他将一个包裹着碳灯丝的玻璃灯泡抽成真空，接通电源后这个灯泡发出了光亮。虽然这种灯丝使用40小时后就会烧毁，但两年后斯旺还是为这项发明申请到了专利。

成功还是失败？

发明家爱迪生从不接受所谓"失败"的概念。当被一个记者问道，为什么在发明蓄电池的时候，他失败了10000次，他回答道："我一次都没有失败过，因为我成功地证明了那10000种方法都是不可行的。当我排除了那些不成功的方法之后，我就可以找到成功的方法了。"

一个美国行家

当英国人斯旺开始实验他的电灯时，他遇到了一个强大的竞争对手——托马斯·爱迪生（Thomas Edison），那时候爱迪生已经是美国著名的发明家了，而且他还建立了世界上第一个工业实验研究所。其时，爱迪生带领下的研究团队正在寻找更好的灯丝，在试验了6000多种材料后，他们选定了碳化的竹子，用这种材料做成的灯丝可以持续发亮50个日夜。1880年爱迪生为这项发明申请到了专利，而斯旺为了争夺专利权将爱迪生告上了法庭。最后，这两个对手惺惺相惜，握手言和，共同创立了爱迪生−斯旺公司，合伙卖灯泡。

荣誉归于一人

既然制造出第一只灯泡的是斯旺，那为什么因这项发明而扬名四海的却是爱迪生呢？那是因为爱迪生不仅做出了灯泡，还创立了电力工业。灯泡需要供电才能点亮，但在爱迪生之前，还没有人提供和售卖电力。斯旺的第一个客户——工业巨头威廉·阿姆斯特朗（William Armstrong）为了使用斯旺的灯泡，还得自己拦水筑坝，建造涡轮机为他的灯泡供电。不同于斯旺，爱迪生为用户提供了一整套发电、输电和控电系统：大至大型发电厂，小至一盏灯座。截至1885年，爱迪生照明公司已经为纽约和其他5座城市提供了电力。

电灯开启了我们这个世界的电气化时代。而当电网牵入民居以后，发明家们又发现了电力的其他用途。1882年出现了小型马达带动的电风扇，1889年诞生了电动缝纫机。电热水器和烤面包机则紧随其后，这两种电器都利用了电力生热的简单原理。如今，世界上6/7的民居都已经接入了电网，还有很多人使用太阳能或家用发电机来获取这种看不见但又不可或缺的能量。

> "爱迪生先生在电力照明方面付出的努力似乎因为完全没有独创性而收效甚微。"
>
> ——《星期六评论》，1880年

焦油和乌龟

当第一个街道照明实验展开时，箱龟成为了问题之一，因为它们喜欢把当时作为导线绝缘体的焦油当作美餐，大快朵颐。

白炽灯泡

这张图展示的是爱迪生的原始灯泡，但实际上在随后的一个多世纪里，灯泡的结构几乎都没有发生变化。这种灯泡被称作白炽灯泡，是因为细细的灯丝通电后发出的光白亮而炽热。

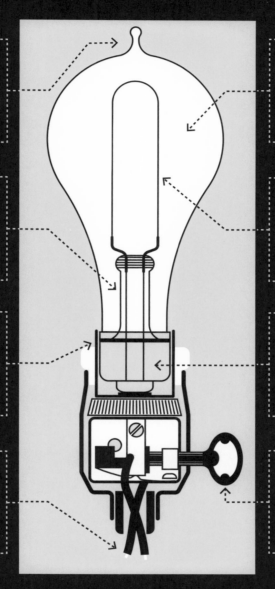

玻璃泡
灯泡顶部的这个小疙瘩是连接真空泵抽气后留下的。

玻璃柱
用来固定灯丝，导电的导线也熔在这里面。

螺口型灯头
爱迪生设计的这种原始灯头一直沿用到今天。

电线
因为当初灯泡经常是用来替代煤气灯，所以就利用原有的煤气管作为电线管。

真空
灯泡里的氧气会让灯丝在通电时燃烧起来，所以需用一种特殊的泵将灯泡内的空气密度抽至大气密度的一亿分之一，接近真空。

灯丝
灯丝是由碳化了的竹子纤维制成，它具有很高的电阻，在通电时发出强光。

绝缘体
用绝缘材料将玻璃壳密封，通电导线穿过其中。

开关
灯座上有一个断路器，也就是控制电灯的开关。

在许多国家，普通的白炽灯正在被逐渐淘汰，因为它们效率低下，只有1/10的电能转化成了光能，其他部分的电能都转化为热量损失掉了。新型灯泡消耗的电能要少得多，寿命也长得多，可以有效地节省能源。

普通白炽灯	卤素灯	紧凑型荧光灯（CFL）	发光二极管（LED）

15流明/瓦，寿命：1000小时	25流明/瓦，寿命：3000小时	60流明/瓦，寿命：10000小时	72流明/瓦，寿命：25000小时

内燃机

谁会开着一辆由爆炸提供动力的车上路呢？答案是：几乎所有开车的人！
在大多数车辆发动机的内部，油气混合后不断爆炸，每行驶1千米就
爆炸上千次。

利用爆炸原理为发动机提供动力的想法在蒸汽机（见第28页）发明之前就有了。早在1678年左右，荷兰物理学家、时钟的发明者克里斯蒂安·惠更斯就曾试图用火药为发动机提供动力。虽然这个想法从未成功实现，但惠更斯却产生了一个正确的观点：在发动机内部点燃燃料，即制造所谓"内燃"，可以使发动机转速更快，效率更高，体积更小。而第一台实用内燃机差不多是在2个世纪之后，才由德国工程师尼古劳斯·奥托（Nikolaus Otto）设计发明出来。在用活塞密封的金属气缸内点燃煤气和空气的混合物，奥托发动机就能运转起来。在现代汽车发动机中，汽油和空气每一次燃烧产生的爆炸可以推动活塞完成四个冲程。

> **"我还是觉得骑马更可靠，汽车不过是过眼烟云而已。"**
>
> ——德国皇帝威廉二世，1905年

第一辆汽车

在工程师戈特利布·戴姆勒（Gottlieb Daimler）和威廉·迈巴赫（Wilhelm Maybach）的协助下，奥托制成了他的第一台发动机，但他们的合作没有持续多久。由于嫉妒戴姆勒的教育背景，奥托解雇了他。戴姆勒离开的时候带走了迈巴赫，然后开始在他的避暑别墅里研制他们自己的发动机。1885年，他们制成了一台体积小、以汽油为燃料的发动机，并把它装在了一辆两轮"摩托车"上。

很快，装上新引擎的四轮机动车也出现了，给交通运输界带来了翻天覆地的变化。尽管这种被称为"非马力马车"的早期汽车噪声大、速度慢、可靠性差，但比之四条腿的竞争对手，它还是有一项无与伦比的优势。因为马匹

臭烘烘的问题

在1908年，内燃机尚未取代活跃在纽约的120000匹马，每匹马每天都会在城市街道上留下10千克左右的排泄物。一位记者将这个现象描写为"一份沉重的经济负担，一个有辱斯文的恶象，一项附加在人类生活上的糟糕赋税"。

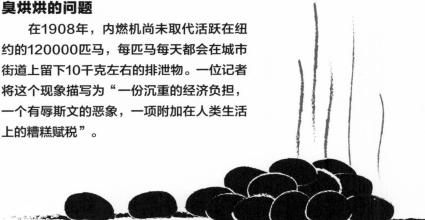

作为那个年代几乎所有公路运输的动力，它们热腾腾、臭烘烘的排泄物堆满了街道；而"非马力马车"完全避免了这些显眼的污染。

污染了空气，而非阴沟

现在我们知道，内燃机实际上并没有彻底告别污染，它产生的不过是另一类污染：排放在空气中的看不见的有害气体。但在人们意识到日益增多的交通车辆造成了明显的空气污染问题之前，内燃机已经改变了这个世界。对买得起私家机动车的人来说，汽车成了个人自由的一个标志，他们可以独自驱车去往遥远的地方；对工作在城市中的人来说，他们可以住在远离城市、空气清新的郊区了。汽车——20世纪初的奢侈品和新玩意儿，到20世纪末就变成了生活必需品。今天，每个美国家庭已经平均拥有两辆"非马力马车"。

摇旗开道

英国国会议员对机动车上路可能引发的危险深感忧虑，于是在1865年，他们规定汽车的行驶速度不能高于每小时6千米，而且必须有一个人走在车前55米处手摇红旗开路。这项"红旗法案"直到1896年才被废止。

四冲程发动机

发动机通过燃烧汽油和空气的混合物来为车辆提供动力。在每一轮四冲程循环中，活塞上下运动两个来回，每次上升或下降完成的任务都各有不同。发动机运转时，周而复始地进行着进气、压缩、点火和排气4个过程。

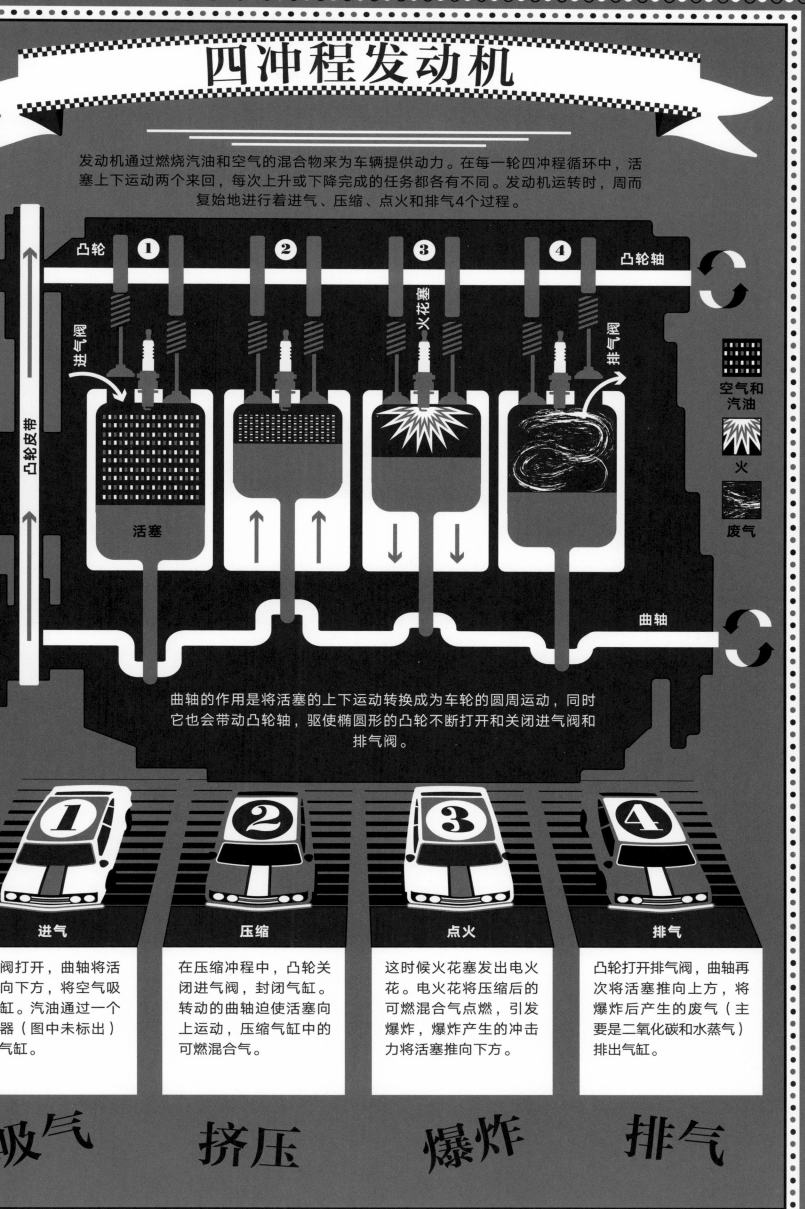

凸轮　❶　　　❷　　　❸　　　❹　凸轮轴

进气阀　　　　　　　火花塞　　　　　排气阀

空气和汽油

火

废气

活塞

曲轴

曲轴的作用是将活塞的上下运动转换成为车轮的圆周运动，同时它也会带动凸轮轴，驱使椭圆形的凸轮不断打开和关闭进气阀和排气阀。

① 进气

② 压缩

③ 点火

④ 排气

进气阀打开，曲轴将活塞推向下方，将空气吸入气缸。汽油通过一个喷射器（图中未标出）喷入气缸。

在压缩冲程中，凸轮关闭进气阀，封闭气缸。转动的曲轴迫使活塞向上运动，压缩气缸中的可燃混合气。

这时候火花塞发出电火花。电火花将压缩后的可燃混合气点燃，引发爆炸，爆炸产生的冲击力将活塞推向下方。

凸轮打开排气阀，曲轴再次将活塞推向上方，将爆炸后产生的废气（主要是二氧化碳和水蒸气）排出气缸。

吸气　　　挤压　　　爆炸　　　排气

飞机

在发明第一架飞行器的竞赛中，主要有两种设计思路，一种思路是制造形如蝙蝠的滑翔机，另一种是利用蒸汽动力让地面上的庞然大物升上天空。然而令人意外的是，竞赛的获胜者是两个自行车制造商，他们制造了一架"动力风筝"，它的双翼犹如翱翔的秃鹰。

飞行控制

莱特兄弟的"飞行者一号"靠转动机翼部件来改变周围的气流，从而控制飞行方向。这是哥哥威尔伯在摆弄自行车内胎包装盒时受到启发而设计出来的。

在 1903年12月，两个衣着光鲜的年轻人拖着一个用木头、铁丝和帆布做成的大架子来到了美国北卡罗来纳州风力强劲的基蒂霍克海滩。当他们解开将这个机器固定在地面的绳索后，在轰鸣的发动机的驱动下，机器上的两副螺旋桨开始转动，于是这个像风筝一样的原始飞行器开始跟跟跄跄地向前滑动，最终飞起来几米高。这架飞机在它的第一次飞行中仅仅在空中停留了12秒，便落回了沙滩上。这个结果看起来好像不太值得庆祝，但是对威尔伯·莱特和奥维尔·莱特两兄弟来说，这实在是一次令人振奋的壮举。他们的这架"飞行机器"（随后很快就被命名为"飞行者一号"）是世界上第一架由飞行员操控的、重于空气的动力飞行装置。

打败各路高手

这对兄弟所取得的成就从很多方面来看都是惊人的。其一，他们是纯粹的业余爱好者，没受过工程方面的任何培训。其二，他们击败了世界上研究资金充足的许多"专家"，花费了不到1000美元，在4年的业余时间里，就设计和试飞了一系列渐趋完善的飞行器。其三，在发明世界上第一架飞机的征途中，他们还发明了风洞，以及驱动风洞的螺旋桨。

自行车测试

为了测试不同翼型所能产生的升力，莱特兄弟在一辆自行车的前面安装了一个巧妙的试验台。为了模拟流经机翼的气流，他们曾在自己家乡——俄亥俄州达顿市的街道上骑着自行车一路狂奔。

飞机让世界变小

如今，现代化的客机看起来与莱特兄弟当年那架单薄脆弱的"飞行者一号"大不相同，那架飞机第一次飞行的距离，甚至没有超过如今一架大型喷气式飞机的机身长度。但是现在的所有航空成就都脱胎于威尔伯和奥维尔当年的愿景和聪明才智。在基蒂霍克的那个历史瞬间发生仅仅10年之后，佛罗里达州的两个城市之间就开通了第一个定期航班。而在36年后的1939年，第一架喷气式飞机飞上了天空，预示着快速航空旅行时代即将到来，当然，也将开启现代战争的新时代。约70年后的1970年，在当年威尔伯·莱特进行第一次历史性飞行时所经历的12秒里，世界上最快的飞机已经可以飞行11千米。如今，多亏了喷气发动机提供的强大动力，飞机可以在一天之内抵达世界上任何一个角落；而每天全世界所有飞机乘客的飞行里程加在一起，超过了210亿千米。

> **"成功了！他们成功了！如果飞不起来可就太糟糕了！"**
>
> ——1903年目睹了那次飞行的救生艇船员如是说

喷气发动机

喷气发动机的工作原理来自牛顿第三运动定律。

← 排出的气流向后方喷出　反作用力将飞机向前方推进 →

作用力和反作用力大小相等，方向相反。

让世界上最大的客机从地面升上空中时，机翼上的每台喷气发动机产生的能量足以为27000个家庭供电。

在喷气发动机内，航空燃油在压缩空气中燃烧，这个过程可以产生难以置信的推力：装在波音777上的两台发动机在飞机飞行时提供的推力是当年莱特兄弟"飞行者"上发动机推力的1850倍。

进气过程

1. 喷气发动机吸入前方的冷空气。精心设计的进气管道能让气流流速平稳。

压缩过程

2. 用一组多叶风扇（压气机）压缩流入发动机的空气。

燃烧过程

3. 将航空燃油喷入发动机，和压缩空气混合，通过剧烈燃烧产生能量。

喷气过程

4. 喷出的废气为飞机提供了推力，同时还会驱动涡轮转动，涡轮转动时会带动压气机运转。

吸入空气

喷气

点火燃烧 ——

燃烧室

无线电

1896年，无线电的第一项应用——"无线电报"由一位年轻聪明的意大利人发明出来，从那时候起，无线电开始重塑这个世界，赋予人类奇迹般的控制和交流能力。

古列尔莫·马可尼（Guglielmo Marconi）生于意大利的一个富裕家庭，他非常着迷于海因里希·赫兹（Heinrich Hertz）发现的电磁波。在赫兹的实验中，电火花产生的一种看不见的射线会以波的形式向周围传播，在一段距离外也可以探测到。这是一项伟大的发现，赫兹的姓也因此被用来作为波的频率单位。尽管赫兹在十年前就发现了电磁波，但却没有意识到它的价值。而年轻的马可尼弥补了这个遗憾，他推测电磁波可以携带信息在空间中传播，并且可以绕过传播过程中遇到的障碍物。他推断，在通信电缆无法接通的情况下，比如联络海上船舶时，电磁波的价值将尤为显要。

一波接一波

马可尼在自家豪宅的阁楼里重复了赫兹和其他研究无线电波的科学家们做过的实验。他首先制作了一个放电装置，然后把一根金属线弯成圆形，在两头相接处留一个小间隙。在放电装置产生一个电火花时，金属圆环留出的间隙上会产生另一个电火花。1895年，马可尼制作了一根天线和一个比金属环更灵敏的接收器。他让管家拿着接收器站在花园里，接到他发出的电磁信号后，就挥舞手帕示意。再后来，管家站在一英里外的塞莱斯蒂尼山坡的山顶上，在那里也可以接收到马可尼发出的信号。在那次实验

中，管家消失在视野之外的山坡上后，一声枪响宣告了马可尼实验大功告成，那是管家用猎枪发出的成功信号。

那时候马可尼才21岁。为了推广自己的通信设备，他来到了有家族人脉关系的英国。如他所说，英国"有很大的船队……航运市场也颇为庞大"。伦敦邮政系统的一位高级官员也为马可尼提供了机会来展示他的通信设备，于是在1897年5月，马可尼将第一条无线电讯息跨海传输了5千米远。到了1901年，他又成功地让无线电波跨越大西洋传送了字母S的莫尔斯电码。

这是魔术吧？

马可尼展示的无线电报看起来太过神奇，因此，很多人都试图找出他的发射装置和接收装置之间的线缆。有些报纸把他描写成巫师，还将他和脱身魔术大师哈里·霍迪尼（Harry Houdini）相提并论，霍迪尼在那时可是颇负盛名。

无线电报

马可尼为自己的无线电报申请了专利，并且很快就开发出了可以作为商品销售的发射器和接收器。这套装置起初只能发送莫尔斯电码，到1906年就能够传送声音了。

时至今日，我们已经生活在无线电波的海洋中。无线电信号甚至已经传出了太阳系，控制着200亿千米外的宇宙飞船，同时它又能帮助我们在咫尺间刷卡购物。马可尼当年畅想的"无声无形的空中信息"的美妙愿景，已经发展成为我们完成很多事情的基本方式。

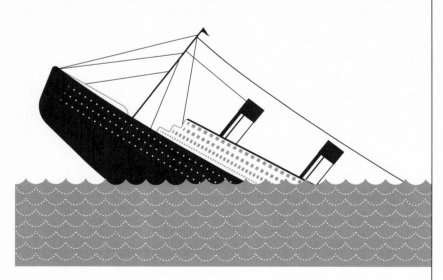

无线电救援

"永不沉没的"远洋邮船"泰坦尼克号"在大西洋触冰沉没后，无线电应用得到了强有力的推动。"泰坦尼克号"上装有马可尼的无线电报设备，电报员在轮船遇难时发出了求救信号，700多条生命因此得救。那次灾难过后，新制定的国际规则要求所有航船都必须配备无线电报。

> **"那东西根本没用。这只是一个实验而已……我们只不过是拥有了这些神秘的、肉眼看不到的电磁波。"**
>
> ——1888年，大科学家赫兹的学生猜测无线电波可能会有很好的应用前景时，他如此回答

无线电波

电磁波谱

γ射线　　X射线　　紫外线　　可见光　　红外线　　微波　　无线电波

无线电波只是电磁波谱中的一个波段，电磁波还包括可见光、红外线、紫外线和X射线。每种电磁波所具有的性质取决于它们的波长——相邻的两个波峰之间的距离。

除了最低频率的部分以外，无线电波中的每个部分都各有其用。无线电波的频率越低，穿过障碍物的能力越强。例如，ELF（极低频）无线电波能够穿透海水，可以用于远距离潜艇通讯。与之相反，利用UHF（特高频）无线电波通讯时，发射和接收双方需要在相互视力范围之内。较高频段的无线电波在近距应用中有优势，比如使用非接触式IC卡时。

频带	波长	频率	应用
极低频 – ELF	10万～1万 千米	3～30 赫兹	潜艇通讯
超低频 – SLF	1万～1000 千米	30～300 赫兹	潜艇通讯
特低频 – ULF	1000～100 千米	300～3000 赫兹	可穿透地面的矿井通讯
甚低频 – VLF	100～10 千米	3～30 千赫兹	时间信号，潜艇应用
低频 – LF	10～1 千米	30～300 千赫兹	长波广播，导航
中频 – MF	1000～100 米	300～3000 千赫兹	中波广播（收音机的AM波段）
高频 – HF	100～10 米	3～30 兆赫兹	短波广播
甚高频 – VHF	10～1 米	30～300 兆赫兹	调频波段，电视，航空管制信号
特高频 – UHF	100～10 厘米	300～3000 兆赫兹	电视，手机，Wi-Fi，蓝牙
超高频 – SHF	100～10 毫米	3～30 吉赫兹	雷达，微波通信
极高频 – EHF	10～1 毫米	30～300 吉赫兹	导弹跟踪，安全扫描
至高频 – THF	1～0.1 毫米	300～3000 吉赫兹	医学成像，安全扫描

短波信号会在大气层中的电离层上发生反射，因此可以传播得更远。这种反射在夜间更强，所以人们在晚上更容易接收到世界各地的电台信号。

通信卫星的轨道在电离层之外，卫星通信所使用的高频微波信号不易被电离层反射。

电离层

地球

电影和电视

怪癖、"胡拼乱凑"和创新天才三者的组合，让照片在电影和电视屏幕上生动了起来。

1838年摄影技术的发明引发出一种奇妙的遐思：让这些逼真的图像动起来会怎样？这个梦想在大约40年后才成为现实，当时美国加利福尼亚州的一个著名富豪利兰·斯坦福（Leland Stanford）想知道马在小跑的时候会不会有4个蹄子同时离地的瞬间，于是他雇用了一位名叫埃德沃德·迈布里奇（Eadweard Muybridge）的摄影师来找出这个问题的答案。迈布里奇布置了十几台用绊线触发快门的照相机，然后制作出了世界上第一部动态影像——《奔马》。

> **"你去接待前台把那个疯子撵走。他居然说他搞出了一台不需要接线就可以看到图像的机器。"**
>
> ——1925年的一天，伦敦《每日快报》的新闻编辑拒绝会见前来拜访的电视发明人贝尔德

英国广播公司对贝尔德那台"胡拼乱凑"出来的电视做了改进，但事实证明这项设计注定不会得到商业普及：因为屏幕太小了，而且图像质量也不尽如人意。1937

"窥式"放映机

迈布里奇的那个时长一秒左右的动态影像实在难以称为电影，但一个接一个的发明者们在此基础上努力做出改进。威廉·迪克森（William Dickson）可能并不是第一个取得成功的，但他在1891年制造出了第一台电影摄影机。迪克森有一个强大的后台，那就是他的雇主托马斯·爱迪生。在爱迪生的推广下，迪克森的电影得以广为观赏。这些早期的无声电影每次只能让一位观众观看，观众需要通过放映机上方的一个小孔"窥视"电影。直到1895年一对法国兄弟奥古斯特·卢米埃（Auguste Lumière）和路易·卢米埃（Louis Lumière）设计出电影放映机之后，才有了一众观众坐在影院里共赏电影的情景。

低成本或者零成本？

许多好莱坞电影的成本高达数百万美元，而《加勒比海盗4：惊涛怪浪》更是创下了3.78亿美元的纪录。但你并不一定需要很高的预算去制作一部电影。现在一部高质量的摄像机并不昂贵，电影的后期剪辑也可以在一台家用电脑甚至你裤兜里的手机上完成。没准儿你就是下一个斯蒂夫·斯皮尔伯格呢。

影像管的发明

卢米埃兄弟发明电影恰好和最早的无线电实验发生在同一时期。1926年，苏格兰发明家约翰·洛吉·贝尔德（John Logie Baird）把这两项成果结合起来发明了电视。贝尔德的这套"电视"系统由帽盒、封蜡、缝衣针和自行车灯组装而成，但它居然真的显示出了图像！后来，

年，广播公司最终采用了一个富有创造力的美国农家孩子设计的电子电视系统，这个农家孩子就是菲洛·法恩斯沃思（Philo Farnsworth），他萌生其创造性想法的时候才15岁，当时在耙地劳作后，土地上留下的那些整齐的平行线条启发了他，让他产生了将电子扫描技术运用于摄像机和电视机的想法。法恩斯沃思设计的"图像解析器影像管"被逐渐改进并用于新的电视系统，这个系统一直沿用到大约2000年，才最终被数字电视系统取代。

及至21世纪，电视已经彻底改变了新闻和娱乐，把世界和表演的世界带入了千家万户。在有线服务、录像机和家庭影院的辅助下，看电视已经成为大众最喜爱的娱乐和消遣方式。即便在今天，尽管有无数种不同的媒体可供我们选择，但在结束了一天繁忙的工作之后，我们中的大多数还是会选择躺在电视机前放松放松。

残忍的电视

贝尔德设计的转盘式扫描摄像机有很大的局限性，因此他试图用人眼来扫描电视图像。一位外科医生为他提供了一只眼睛，贝尔德带着这只眼睛冲进了他的实验室。但实验还是失败了，贝尔德在日记中写道："到了第二天，眼睛的视觉神经的敏感度已经完全没有了。"

动态影像

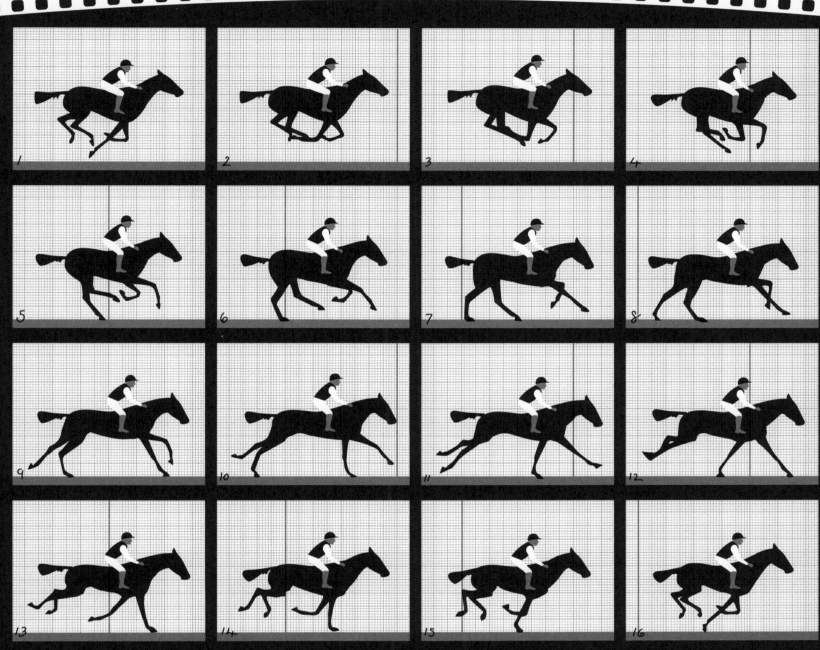

迈布里奇的《奔马》中的一组图像

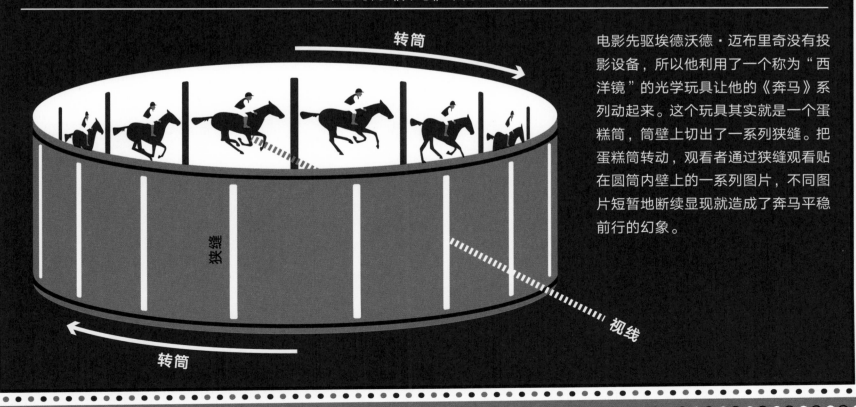

转筒

狭缝

视线

转筒

电影先驱埃德沃德·迈布里奇没有投影设备，所以他利用了一个称为"西洋镜"的光学玩具让他的《奔马》系列动起来。这个玩具其实就是一个蛋糕筒，筒壁上切出了一系列狭缝。把蛋糕筒转动，观看者通过狭缝观看贴在圆筒内壁上的一系列图片，不同图片短暂地断续显现就造成了奔马平稳前行的幻象。

制冷技术

让我们来想象一下那是一个什么样的世界：新鲜食物在几天之内必定会腐烂，药品一制备出来就必须立刻服下，夏天热得可以置人于死地——那一定是一个没有制冷技术的世界。

降温消暑并不只是现代人才有的追求，在3000年前的中国，人们就已经做过各种尝试了。他们在冬天采集冰块贮藏起来，到夏天用来消暑。在《诗经》中有一首《七月》，诗中写道人们"二之日凿冰冲冲，三之日纳于凌阴"（腊月凿下冰块，正月搬进冰窖）。

也许古代中国人并不是用冰块来保存食品。实际上，冰块的早期应用几乎全都是冷却饮料，无论是在古代的巴勒斯坦、埃及、希腊还是意大利皆是如此。这样看来，干渴似乎比饥饿更要命一些。

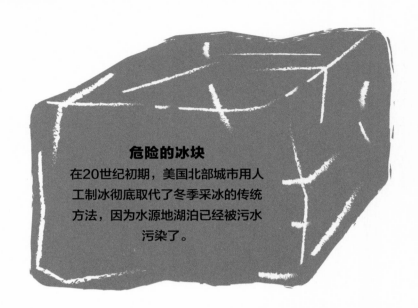

危险的冰块
在20世纪初期，美国北部城市用人工制冰彻底取代了冬季采冰的传统方法，因为水源地湖泊已经被污水污染了。

制冰

采集来的冰块有一个问题，那就是它们会慢慢融化，一旦融化完了，就只能等待下一个冬天到来。所以冰块爱好者们便着意寻找可以随时随地制造冰块的方法。在1758年，美国人本杰明·富兰克林（Benjamin Franklin）和英国人约翰·哈德利（John Hadley）在用波纹管蒸馏乙醚时，将水冻结成了冰。乙醚是一种化学物质，当它转变为蒸气的时候，会迅速变冷。虽然富兰克林和哈德利并没有打算制造一台冰箱，但他们的实验和现代冰箱的制冷原理基本相同：通过把液体变成气体来带走热量。然而制造一台实用的制冷机还需要反转这个过程：把气体变回液体并把热量散发出去。发明家们在大约1850年解决了这个难题，发明出了可靠的制冰设备。

> "也许在将来的某一天，人们会发现这种情况：一个人在炎热的夏日里冷死了。"
>
> ——1758年本杰明·富兰克林
> 完成人工制冰后如是说

制冷的必要性

制造冰块仅仅是制冷技术的开端。如今，制冷的意义绝不仅仅是让饮品保持新鲜：低温可以保证食物在从农田到厨房的整个过程中保持新鲜，也让人们可以吃到偏远地区的农产品；如果没有冷却手段，许多救命的疫苗在注入人体之前就已经失效；空调技术的发展不仅使房屋在炎炎夏日里舒适宜人，甚至还改变了人类的居住分布，让夏季酷热难耐的沙漠中也出现了城市。

早期的制冷系统都是为工厂、船舶或火车车厢制造的，它们大多庞大而笨重。第一批家用冰箱直到20世纪才出现，十分昂贵。1927年通用电气公司推出的"莫尼特炮塔"（Monitor Top）冰箱售价相当于一个建筑工人5个星期的工资。如今，冰箱早已不再是奢侈品，超过99%的家庭都拥有冰箱。

城市里的牛群
如果没有制冷技术，牛奶在短途运输中也会变酸。因此在19世纪，许多城市中心饲养着大批奶牛，以便为周边的居民供应牛奶。在1854年，伦敦市中心饲养着20000多头奶牛；而在纽约，仅布鲁克林区就饲养着2000头奶牛。

冰箱的工作原理

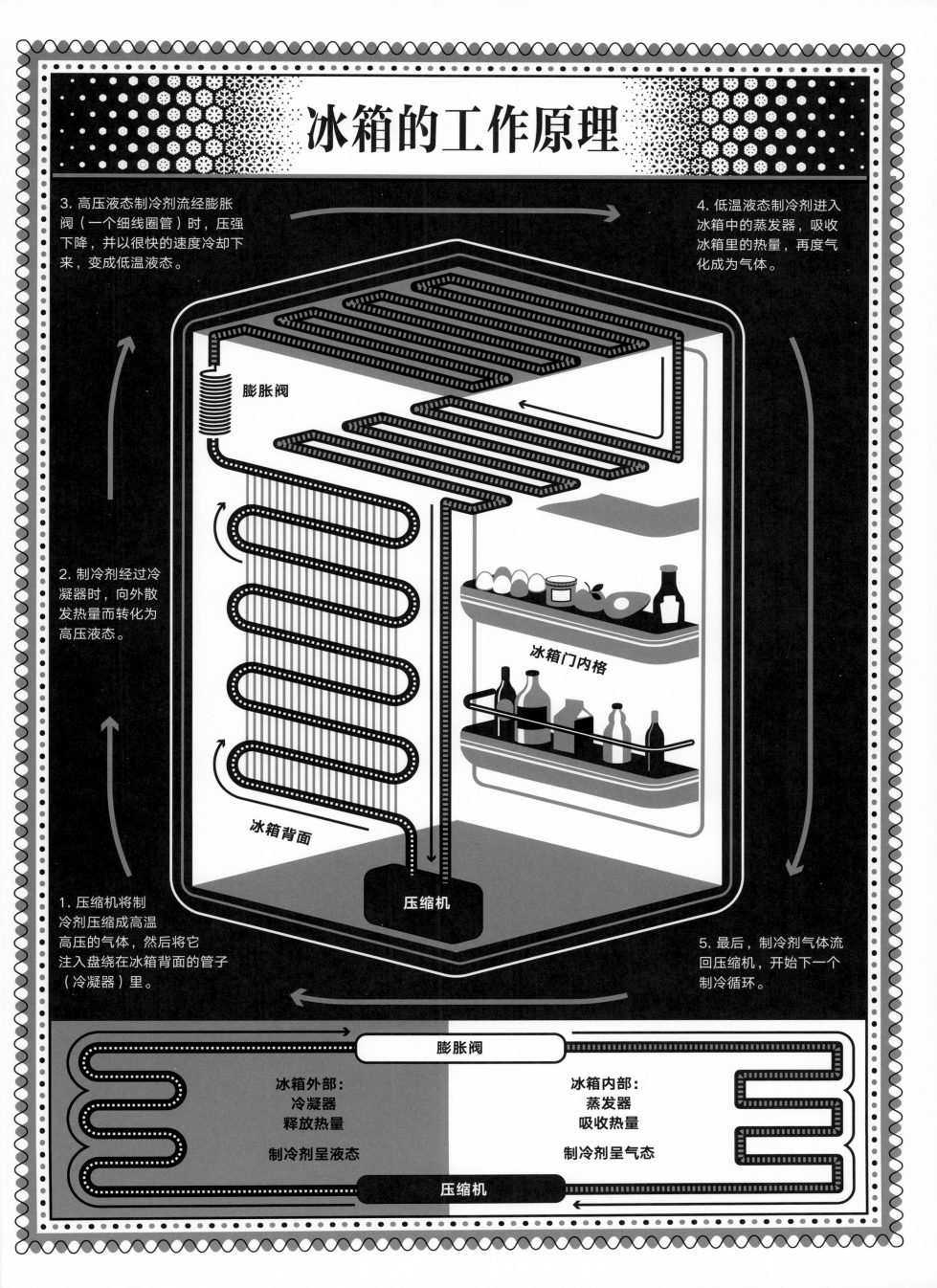

3. 高压液态制冷剂流经膨胀阀（一个细线圈管）时，压强下降，并以很快的速度冷却下来，变成低温液态。

4. 低温液态制冷剂进入冰箱中的蒸发器，吸收冰箱里的热量，再度气化成为气体。

膨胀阀

2. 制冷剂经过冷凝器时，向外散发热量而转化为高压液态。

冰箱门内格

冰箱背面

压缩机

1. 压缩机将制冷剂压缩成高温高压的气体，然后将它注入盘绕在冰箱背面的管子（冷凝器）里。

5. 最后，制冷剂气体流回压缩机，开始下一个制冷循环。

膨胀阀

冰箱外部：
冷凝器
释放热量

制冷剂呈液态

冰箱内部：
蒸发器
吸收热量

制冷剂呈气态

压缩机

抗生素

一个实验室因为不够整洁，阴差阳错地长出了一种杀菌能力极强的霉菌，但人们并没有立刻发现它的重要性，直到战争将世界搅得四分五裂，人们急需救命药时，才注意到了这种霉菌的价值。

在 1928年9月，苏格兰科学家亚历山大·弗莱明（Alexander Fleming）结束度假返回伦敦圣玛丽医院时，发现他的实验室又脏又乱。在清理实验室的过程中，他发现一个培养皿里的培养基上长出了一团又一团毛茸茸的细菌群，但在一块霉斑的周围却没有细菌出现。这块霉斑就是自然形成的抗生素。弗莱明在随后的实验中发现，这块霉斑中的活性成分在稀释500倍之后，仍然可以杀死细菌。他将这种成分命名为青霉素，然后他撰写了一篇论文，指出青霉素或许可以制成消毒剂，但这篇论文并没有引起人们的注意。他还以青霉素的杀菌作用为主题做过一次学术演讲，但听众们都不感兴趣。因为工作繁忙，弗莱明随后也把这个重要发现束之高阁了。

受伤的世界

如果没有第二次世界大战的爆发，弗莱明的成果可能会被彻底忘掉。战争期间，澳大利亚人、牛津大学病理学教授霍华德·弗洛里（Howard Florey）意识到抗生素可以挽救那些伤口感染的士兵的生命，于是招聘了一位从纳粹德国逃出来的犹太生化学家恩斯特·钱恩（Ernst Chain），安排他查阅相关的科学文献。钱恩发现了弗莱明的论文，接着就和弗洛里及其他几位科学家一起重复了弗莱明的实验。在1941年2月，他们在一个因细菌感染而濒临死亡的警察身上试用了他们制成的微量抗生素样品，警察的病情随即有了好转。但他们的青霉素很快就被用光了，最终这位警察还是失去了生命。

诺贝尔奖

在1945年，弗莱明、弗洛里和钱恩因为发现了抗生素及其疗效而分享了诺贝尔生理学或医学奖。但相比之下，弗莱明得到了更多公众的关注，这也许是因为与其他两位获奖者艰苦的科研经历相比，他那"天降幸运"的故事更容易被人理解，也更令人津津乐道。

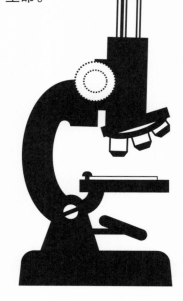

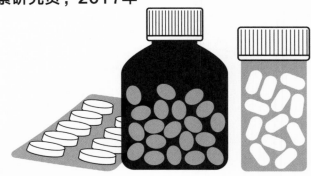

"因为我们不停地挥霍这些珍贵的药品，将它们滥用于畜牧业中，所以出现了越来越多的具有耐药性的超级细菌。"

——兰斯·普赖斯（Lance Price），乔治·华盛顿大学抗生素研究员，2017年

制造抗生素

人体实验证实了青霉素的有效性，但是大规模生产青霉素是一个更大的挑战。当美国政府认识到这种药的重要性并投入了巨大的研发资源后，这个问题才得以解决。随后研究者们就发现了使这种救命霉菌快速生长以及将其大量纯化的方法。在第二次世界大战结束之际，美国药厂的青霉素生产能力已经达到了每个月6500亿剂。

自从发现了青霉素，抗生素就成为了人类对抗细菌的最有力的武器。如果没有抗生素，许多医疗手段，比如器官移植手术，根本不可能完成。然而，好东西过量使用也会出问题。如今，农场会在牲畜饲料中添加抗生素来预防动物出现细菌感染，医生因为难以解决病毒感染问题而为患者开抗生素类药物。这些随意使用抗生素的做法会让一些细菌对抗生素产生免疫力，变成致命的"超级细菌"。因此我们有可能会重新回到一道轻微伤口也会致命的危险时代。

发霉的瓜

美国伊利诺伊州皮奥里亚的一些科学家希望找到一种能够更有效地培养救命化学品的菌株。为此，他们从世界各地采集土壤，但最终发现，最好的菌株是在当地水果市场买来的发霉的哈密瓜。

抗生素的治疗原理

抗生素攻击细菌时，必须保证不伤害人体细胞。抗生素可以通过两种途径来达到这一目的，一种是阻断只在细菌细胞中发生而不在人体细胞中发生的代谢过程，另一种是破坏细菌细胞具有而人体细胞没有的结构，比如细胞壁。

一些抗生素可以阻断细菌繁殖过程。

一些抗生素可以抑制细菌蛋白质合成。

一些抗生素可以抑制细菌细胞壁合成。

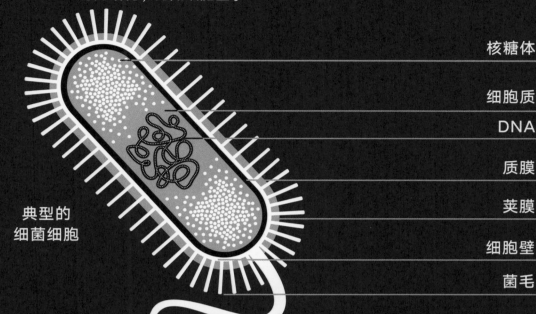

典型的细菌细胞

核糖体

细胞质

DNA

质膜

荚膜

细胞壁

菌毛

细菌鞭毛

抗生素耐药性

1. 有少数细菌能够自然演化出对抗生素的耐药性，因为它们有可能发生生物突变，即DNA变化。

2. 抗生素可以杀死普通细菌，但具有耐药性的细菌会逃过一劫，然后开始繁殖。

3. 对新出现的感染者使用同类抗生素，普通细菌会被消灭，但耐药细菌会存活下来。

4. 当耐药细菌在数量上超过普通细菌后，抗生素便失去了控制感染的能力。

 活细菌　　 死细菌　　 耐药细菌　　 耐药细菌突变体

耐药性的扩散

农场为了防止牲畜出现细菌感染，在没有必要使用抗生素的情况下，仍然在饲料中添加抗生素。

细菌对抗生素产生耐药性，然后通过食物链进入人体，让人出现细菌感染。

医生有时在没必要的情况下为患者开抗生素类药物，使得更多细菌有机会接触抗生素而产生耐药性。

耐药细菌感染扩散，且抗生素对这些感染不再具有治疗效果。

核裂变

如果我们能够把700克任何物质——铀也好，果酱也好，剪下来的脚指甲也好——
完全转换为能量，那么这些能量足以让全世界正常运行一个小时。

假如世界上真有一个人所皆知的方程式，那么它一定是 $E=mc^2$。这是阿尔伯特·爱因斯坦（Albert Einstein）在1905年提出的质能方程，其含义是质量和能量在某种意义上是同一种东西，其中 m 代表物质质量，E 代表能量，c 是真空中光的速度，每秒约30万千米。c 的平方（也就是 c 自身相乘）是一个大到难以想象的数字，因此可以说很小的物质也能产生巨大的能量。

实际上，把物质直接转换为能量是不可能的。但 c^2 是一个数值很大的物理量，我们如果把某些原子核分裂成为质量更小的原子核，仅仅使其中一小部分质量发生转换，就能获得巨大的能量。这个过程被称为"核裂变"。

大爆炸

第一次原子核裂变实验由德国化学家奥托·哈恩（Otto Hahn）在1938年完成。当有关该实验的消息传开以后，欧洲和美国的科学家都认识到，采用合适的核燃料，他们就可能实现持续的裂变链式反应。科学家们可以选择将核裂变产生的能量用于和平目的，生产价格低廉的电力，也可以选择将其用于军事目的，制造威力巨大的杀人武器。1939年，当第二次世界大战在欧洲爆发时，这个选择变得非常容易——美国开始研制原子弹。这个被称为"曼哈顿计划"的研究项目在美国、加拿大和英国一共雇用了130000人。在巨额资金的支持下，科学家和工程师们生产了大量的钚和铀作为核燃料，试制出了第一颗原子弹"小玩意儿"，随后另两颗原子弹被投放到了日本的广岛和长崎两市，至少130000人因此遇难。这两次核攻击的后果恐怖至极，所以从此以后人类再没有使用过原子弹。

原子弹之父

1945年，当曼哈顿计划的主持人、首席科学家罗伯特·奥本海默（J. Robert Oppenheimer）现场观看第一次原子弹试爆后，他只是简单地说了一句"成功了！"但后来，他借用了一句神圣的印度教箴言来暗示他的自责心情："现在我成了死神，世界的毁灭者。"

"不比维生素药片大的一点核燃料可以让你的汽车跑一年。"

——1962年，普利策奖获得者、记者大卫·迪茨（David Dietz）预测核能源前景时如是说

更多的能量

维持太阳发光发热的是核聚变反应（将较轻的原子核聚合为较重的原子核）。我们如果能够在地球上重现和控制这个反应，那就能获得无穷无尽的能量，且不会有使用裂变核能源时存在的潜在危险。不幸的是，目前我们还没有能力建立一座实用的核聚变反应堆。物理学家们开玩笑地说，要实现核聚变能源的使用只需要30年时间——每年都说还需要30年。

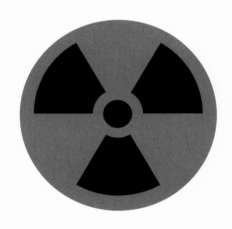

文明的力量

"二战"结束之后，核裂变反应的和平利用工作开始展开，几年间就取得了可喜的成果。1951年，第一座实验核电站成功发电，3年后美国原子能委员会主席刘易斯·斯特劳斯（Lewis Strauss）断言，核电站在未来可以提供"便宜得无法计算电费"的电力。虽然这句断言一直没有实现，但对那些缺少化石能源的国家来说，核电站的确提供了可靠的能源。比如，在法国，4/5的家庭使用的是核电站提供的电力。

在其他领域，人们期待的核能源利用还没有成为现实。核工业经历过造价高、事故后果严重的磨难，而且放射性核废物的处置仍然是尚未彻底解决的问题。在今天，虽然核电站为世界提供了1/10的电力，但比较而言，风能和太阳能仍旧是更便宜、更清洁的能源。

核反应堆

核电站利用核裂变反应产生的热量将水加热成为蒸汽，进而推动蒸汽轮机产生电力。在核反应堆中，能够吸收中子的控制棒可以控制核裂变的反应速率，调节电力的输出量。

冷却塔
被加热的水注入冷却塔的底部，蒸汽从塔的顶部排出，带走一些热量。

反应堆厂房
厂房带有坚固、密闭的安全壳，以防止事故发生后放射性物质外泄。

电流
核电站生产的电力被送往远方的城市。

控制棒

内循环
反应堆中核裂变产生的热量将水罐（蒸汽发生器）中的水加热，变成蒸汽。

蒸汽发生器

冷水池

发电机
由蒸汽轮机带动发电机发电。

核燃料棒

反应堆
核裂变在这里发生，产生大量热量。

冷却循环
并非所有产自反应堆中的热量都能被用来发电。为了排出多余的热量，冷却塔中通过释放蒸汽而冷却下来的水会循环流动，带走系统中的热量。

外循环
蒸汽发生器中产生的蒸汽在外循环回路中推动蒸汽轮机，冷凝后再回到蒸汽发生器中。

核反应

铀
附近的核反应中释放出的一个中子和铀原子核发生碰撞。

铀原子核分裂，变成两个较轻的原子核，并产生更多的中子和热量。

钡

氪

裂变反应中释放出来的多个中子继续轰击附近的铀原子核，触发了新一轮的核反应，形成链式反应。

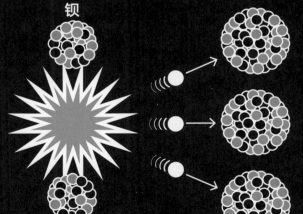

人造卫星

自从第一颗人造卫星在大约60年前发射成功，我们便开始在方方面面依赖这些盘旋在上空的、闪亮的科技精灵，从驾车导航到时间校准。

是谁发明了人造卫星？虽然不是大数学家和科学家牛顿，但他却依据他的聪明智慧，预言了人造卫星的出现。在1687年，他提出了一个著名的假想实验：从山顶上发射一枚炮弹，只要它的速度快到一定程度，那么它将永远不会落回地面；相反，它会摆脱部分地球引力飞向高空；在高度和速度正合适的情况下，地球引力将正好抵消使炮弹飞向外太空的那部分力，这时这枚炮弹便会成为一颗人造卫星，不停地做轨道运动。

在他的著名篇章《宇宙体系》中，牛顿用他想象中的卫星来解释万有引力。遗憾的是他没能亲自测验他的理论：在他那个年代，威力最大的大炮提供的能量也只能达到将炮弹送入卫星轨道所需能量的1/20。

"那就是一个几乎谁都能发射上去的大铁块。"

——1957年10月4日，美国海军作战部长罗森·本内特（Rawson Bennett）在一次电视采访中如此评价"卫星一号"的发射

哔哔作响的圆球

3个世纪后，苏联（由现在的俄罗斯加上14个独立的加盟共和国组成）成功发射了第一颗人造地球卫星"卫星一号（Sputnik 1）"。这颗卫星的尺寸和形状都像健身房里的健身球，外壳用抛光的金属制成，1957年10月由火箭送入太空。这颗卫星只能发出一些简单的无线音频信号。

太空垃圾

并不是所有的人造卫星都有用处。现在有上千颗退役的卫星仍然在太空中飘游，给新的航天器埋下了碰撞的风险。体积较小的太空垃圾同样是个问题，而目前太空中大于1毫米的漂浮物至少有1.7亿个。甚至宇航员在20世纪60年代留下的排泄物也仍然具有威胁性：如果一块李子大小的排泄物以每小时11000千米的速度做轨道运动，那么它所具有的能量也相当于高速公路上一辆疾驰的小汽车。

来自太空的死神？

"卫星一号"有规律地发出的"哔—哔—哔"的声音哪有什么威胁，但美国报纸却利用这些信号大做文章，说苏联正在计划制造险恶的太空武器。这些有关"太空死神"的可怕预言并没有成为现实。虽然人造地球卫星的早期用途之一是窥探敌对国家的军队分布，但如今大多数卫星还是被用于和平目的。目前大约1500个在役的人造卫星

中，只有1/4用于军事用途，更多的卫星在为我们提供必不可少的服务：有些为我们提供导航服务（见右页），有些用于传输电视节目，有些用于远距离手机通信（更多内容见第60页有关通信卫星的介绍），还有些为我们预测天气和农业收成，以及监测环境破坏情况。但卫星最基本和最重要的功能也许是提供超精准的时间校准：将地面上的时钟与卫星上的时钟做同步修正，我们才可以维持互联网、交通、银行、股票等领域和业务的正常运行。如果没有人造卫星，我们也许真的会陷入迷失中。

真实还是虚构？

在地球赤道上空35900千米处的卫星围绕地球运行一圈正好是一天，所以它看起来就像一直待在"原地"不动。这样的"地球静止轨道"是安置通信卫星的理想地——这个想法最早是由科幻作家阿瑟·克拉克（Arthur C. Clarke）在1945年提出的，12年后才有"卫星一号"的升空。

全球定位系统（GPS）是当今四大卫星导航系统之一。所有这些导航系统的工作原理基本相同：借助由多颗人造卫星组成的"星座"，每颗卫星不断地发出自己的位置信号和时间信号来作为导航计算的依据。

GPS系统卫星的运行轨道在我们上空大约20000千米处。

它们由24颗卫星组成，这就可以保证地球上任何地方都可以接收到至少4颗卫星的信号，这是获取精确位置信息的最低要求。

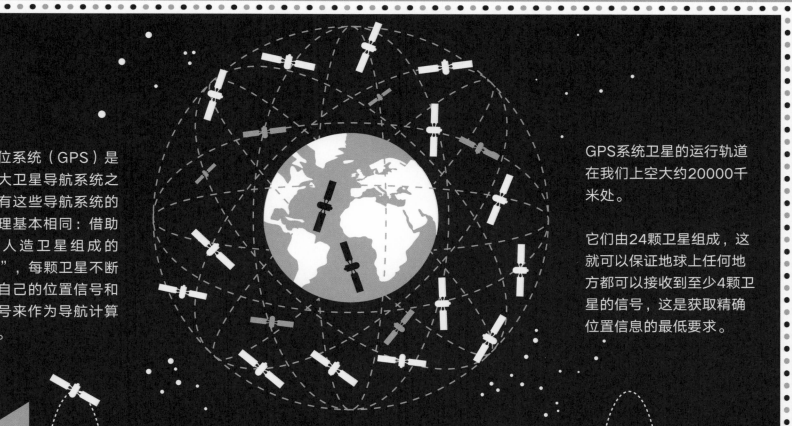

卫星导航

每颗卫星上都有一个非常精确的时钟，它是校正卫星精确位置的基本工具。这些卫星每天都会同步彼此之间以及地面上的时钟。

地面监控站持续监测卫星，并将有问题的卫星排除在服务系统之外。

GPS接收器接收到来自4颗卫星的时间信号，通过计算得出自己所处的位置。性能好的接收器可以将位置误差控制在5米之内。

汽车上的卫星导航设备中储存有完整的地图。利用来自卫星的位置信息，导航设备可以把车辆的当前位置标示在地图上。

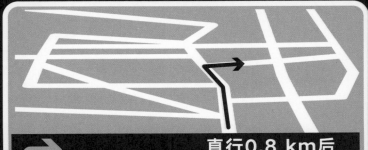

直行0.8 km后
第2个路口右转

卫星导航设备中的软件允许你设置一个目的地，然后沿途为你提供详细的转弯信息。手机也可以接收GPS信号，但手机依赖于互联网上的地图数据，所以在没有移动信号的偏僻地段，导航可靠性会大打折扣。

DNA

在1953年2月的最后一天，一个美国科学家和一个英国科学家冲进剑桥大学内的一家酒吧。在那里，他们欢快地大声宣布，他们已经发现了"生命的秘密"。

詹姆斯·沃森（James Watson）和弗朗西斯·克里克（Francis Crick）年轻、自负，没有太多研究经验，但他们不是闲着吹牛的人。他俩的确发现了脱氧核糖核酸（DNA）的结构。科学家们早在两年前就已经开始怀疑，这种存在于所有植物和动物细胞中的螺旋状分子可能是所有生命的基本模板。沃森和克里克把这个怀疑变成了肯定。他们证明了DNA具有双螺旋结构，也就是由两条反向平行的分子链相互缠绕形成的螺旋结构。这一令人震惊的发现有可能揭开人类身份特征的秘密，并揭示遗传疾病的起因和治疗方法。

DNA、犯罪和身份确定

只有同卵双胞胎才可能拥有一样的DNA。1984年，英国基因学教授亚历克·杰弗里斯（Alec Jeffreys）突然意识到，DNA分析可以用来鉴别每个人的身份。今天，将犯罪现场采集到的DNA样本与犯罪嫌疑人的DNA进行比对，已经成为破案和证明嫌疑人有罪的有力证据。

揭开DNA面纱的关键照片

沃森有一种非凡的能力——在脑海中描绘复杂分子的结构，但是帮助他揭开DNA秘密的关键是由罗莎琳德·富兰克林（Rosalind Franklin）拍摄的一张照片。富兰克林也在研究DNA分子结构，是沃森的竞争对手。富兰克林的"照片51号"不是用相机而是用X射线拍摄的，它看起来像是由斑点构成的模糊图案，但在沃森和克里克看来，形成这个图案的只可能是双螺旋结构的分子。富兰克林的同事莫里斯·威尔金斯（Maurice Wilkins）在没有征得她

自己动手做DNA

DNA实际上是什么样子？你可以在自家厨房里从草莓浆中提取DNA，触摸和感受一下那一条条黏糊糊的东西。你可以从互联网上找到具体的做法，不过基本实验过程其实很简单：利用洗碗液打开细胞；加点盐使DNA凝聚在一起；再过滤，加入冰镇酒精使DNA分离出来。

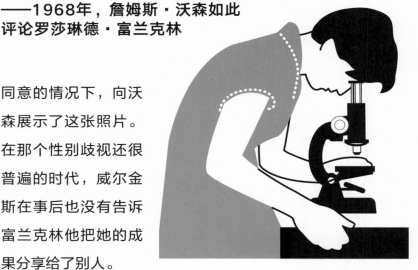

"一个女权主义者最好的归宿就是在别人的实验室里工作。"

——1968年，詹姆斯·沃森如此评论罗莎琳德·富兰克林

同意的情况下，向沃森展示了这张照片。在那个性别歧视还很普遍的时代，威尔金斯在事后也没有告诉富兰克林他把她的成果分享给了别人。

有了"照片51号"，克里克和沃森才建立出一个分子模型，随后在1953年4月将这些发现发表在了科学杂志《自然》上。

分子生物学

DNA分子结构的发现是一项极其轰动的科学突破，为分子生物学的发展提供了巨大的推动力，分子生物学是一门从分子水平研究生物体的学科。在沃森和克里克的研究基础上还发展出了现代遗传学，这方面的研究因为有了DNA分析手段，让罪案侦破、动物和植物的品种改良以及对患者的针对性治疗变得更加容易。有了它，科学家们甚至能够绘制出人类基因组图谱，这个图谱将告诉我们，哪些特征是人类共享的，哪些特征使我们彼此不一样。

1962年，沃森、克里克和威尔金斯因为他们所做的工作而获得了科学界最高奖——诺贝尔奖。富兰克林则在4年前因患卵巢癌而不幸逝世，无缘获奖。这是一个残酷的讽刺，因为如今基因研究已经成为寻找癌症治疗方法的重要工具。

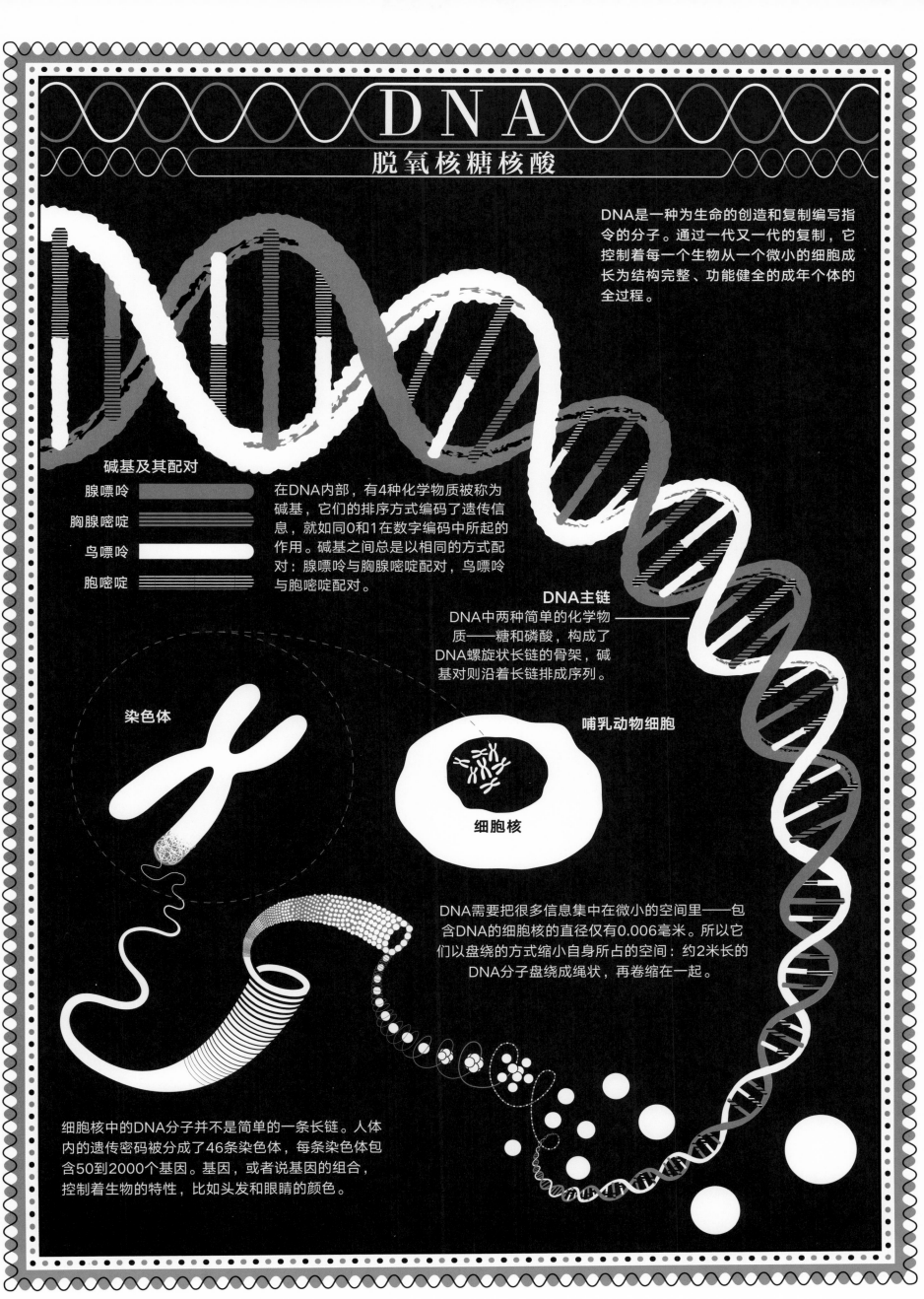

DNA

脱氧核糖核酸

DNA是一种为生命的创造和复制编写指令的分子。通过一代又一代的复制，它控制着每一个生物从一个微小的细胞成长为结构完整、功能健全的成年个体的全过程。

碱基及其配对

腺嘌呤

胸腺嘧啶

鸟嘌呤

胞嘧啶

在DNA内部，有4种化学物质被称为碱基，它们的排序方式编码了遗传信息，就如同0和1在数字编码中所起的作用。碱基之间总是以相同的方式配对：腺嘌呤与胸腺嘧啶配对，鸟嘌呤与胞嘧啶配对。

DNA主链

DNA中两种简单的化学物质——糖和磷酸，构成了DNA螺旋状长链的骨架，碱基对则沿着长链排成序列。

染色体

哺乳动物细胞

细胞核

DNA需要把很多信息集中在微小的空间里——包含DNA的细胞核的直径仅有0.006毫米。所以它们以盘绕的方式缩小自身所占的空间：约2米长的DNA分子盘绕成绳状，再卷缩在一起。

细胞核中的DNA分子并不是简单的一条长链。人体内的遗传密码被分成了46条染色体，每条染色体包含50到2000个基因。基因，或者说基因的组合，控制着生物的特性，比如头发和眼睛的颜色。

计算机芯片

计算机芯片最初被发明出来是为了将电子设备微型化，以便装入核弹头中。
如今这些芯片对现代世界产生的影响与它们微小的尺寸完全不成比例。

数字时代并非开始于硅芯片，而是开始于真空管（也称为电子管）。作为第一代电子计算机的开关和放大器，真空管就像一个微型电灯，通电后会发热并发光。20世纪40年代，各大电子公司迫切需要找到可以取代真空管的更小的电子元件，因为更小的电子元件才能使微型电路和当时简单的计算机产生更少的热量。

第一代晶体管

最早获得成功的是美国人约翰·巴丁（John Bardeen）和沃尔特·布拉顿（Walter Brattain）。1947年12月，他们用金箔将一个塑料三角包起来，然后把它的一个角"点压"在一块称为锗的类金属元素材料上，做成了第一个晶体管的雏形。锗是一种半导体材料，这种材料既可以像玻璃一样不导电，也可以像铜线一样导电。巴丁和布拉顿的装置看似是由几根杂乱的导线连接而成，但就功能而言，它的确是一个晶体管——简单的电子放大器。随后晶体管渐渐取代了真空管，到了1945年，换用晶体管后，曾经能作为家具摆设的收音机就缩小到可以塞进衣服口袋里了。

没人需要计算机

人类对计算机的潜力和威力的认识曾经十分迟钝，甚至那些发明和制造计算机的人也持怀疑态度。在1953年，IBM创始人托马斯·沃森（Thomas J. Watson）认为，IBM在美国只能卖出去5台计算机。

集成电路

晶体管虽小，但还不够小。在冷战——一场没有实际交战过程的激烈竞争期间，美国和苏联一直以核弹相互威胁。为了能把制导计算元件装入核弹头，计算元件必须做得非常小。到了1959年的春天，两名美国科学家各自独立地找到了把晶体管塞入更小空间的方法。罗伯特·诺伊斯（Robert Noyce）领导的飞兆半导体公司研究小组和杰克·基尔比（Jack Kilby）领导的德州仪器公司团队都将数个电子元件集成到了一片半导体芯片上。他们制造的集成电路（Integrated Circuit，IC）让"民兵"导弹上装配的计算元件缩小了3/4，并减少了近7000个独立的晶体管。

> **"我不记得我曾有过'哇，就是这样！'那么一个豁然开朗的时刻。"**
>
> ——1982年，集成电路的发明者之一罗伯特·诺伊斯谈及他获得灵感的那个瞬间时如是说

集成电路的使用很快就从军事领域扩展到了民用计算机领域，芯片取代了越来越多的电子零件。杰克·基尔比的芯片中只包含1个晶体管、1个电容器和3个电阻器，1974年制造的第一台个人计算机中的一个芯片上就集成了6000个晶体管，而现在的芯片已经可以集成数十亿个晶体管，而且这些芯片已经彻底改变了我们生活的方方面面。手机代表着目前电路原件微型化的巅峰，如果你的手机使用的不是硅芯片，而是20世纪40年代的真空管，那么它的尺寸会和一座小型城市相当，而打一通电话需要两座核电站供电。

昂贵的计算机

在20世纪60年代，IBM的一台计算机有一整层带空调的办公室那么大，而且售价高达几百万美元。等到1980年，人们花1500美元就可以买到一台具有同等功能的个人电脑了。

集成电路

制造集成电路时，需将微型电路图形印刷到硅晶片上，再进行蚀刻并掺入磷等杂质。利用这个过程可以在硅芯片上制作出许多不同类型的电路元件。最常见的4种元件是晶体管、二极管、电阻器和电容器，这些元件在电路图上用不同的符号表示。

晶体管	二极管	电阻器	电容器

晶体管是芯片中最重要的电路元件，它可以用来切换或放大信号。	二极管的作用和水龙头类似，它让电流只能向一个方向流动，无法反向流动。	电阻器大概是芯片上最简单的元件，用来减弱电路中的电流。	电容器的功能是储存电量，可以作为一个小型电源或过滤器，它还有其他一些用途。

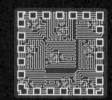

IC

可以将集成电路封装在塑料基材上，以便后续操作。

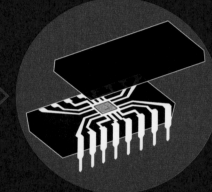

将电路芯片焊接在电路板上，用铜线连接插针与芯片。

摩尔定律

罗伯特·诺伊斯在飞兆半导体公司时的老板是戈登·摩尔（Gordon Moore）。1965年摩尔预测，在10年内，硅芯片上可以集成的元件数量每年都会翻一番。他的预测是对的，而且10年之后，这种增长势头依然强劲：从1975年开始，集成量仍可以约每两年翻一番。

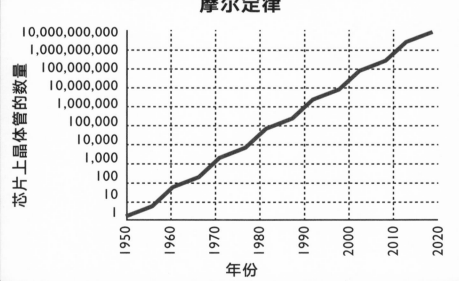

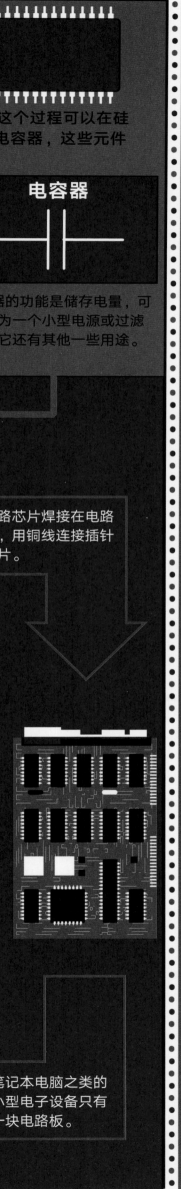

笔记本电脑之类的小型电子设备只有一块电路板。

太空探索

20世纪60年代，人类探索星空的努力让当时的科学技术和社会资源发展到了极致，但发展得更远的，是我们的思想，以及我们对自身在宇宙中所处地位的理解。

送人类去探索太空不仅困难重重，而且耗资不菲、效率低下。要保证他们在太空中的正常生活、人身安全和头脑清醒，需要庞杂的系统支持和大量物资供应。派遣机器人可以免去所有这些麻烦，但无人访问团不会像人类太空探索者那么容易登上新闻头条，因为机器人不能像宇航员那样展示出自己的勇气。

危险且不适

你如果在博物馆里参观了宇航员的太空舱，那就会非常清楚地意识到，勇气是第一批宇航员无不拥有的品质。"自由7号"太空舱是美国第一位宇航员艾伦·谢泼德（Alan Shepard）乘坐的飞行器，它又小又简陋，宽度还不及一个普通人的身高，仪表盘上的仪器大多是简单的开关，没有任何类型的计算机。在它表面上，仍然看得出它返回地球，再入大气层时，与空气摩擦产生的高温留下的焦痕和划痕，而保护宇航员不被烤焦的隔离层仅有几厘米厚。

"我等不及了！"

由于技术故障，"自由7号"的发射被推迟了3个小时。在等待期间，艾伦·谢泼德感到内急。但是因为飞船的计划飞行时间只有20分钟，所以工程师们对这种情况并没有预案。为了不因爬出舱外上厕所而耽误发射，谢泼德索性尿在了太空服里。

太空竞赛

谢泼德因为在1961年完成了他的太空使命而成为了民族英雄，他不仅是第一个克服重力并（差点）进入太空轨道的美国人，而且是"太空竞赛"中的美国先锋。美国的冤家对头苏联在大约4年前就已经发射了第一颗人造地球卫星"卫星一号"（见第52页），开启了美苏两国十余年的太空对抗。在这场太空竞赛中，双方都试图发射更多的功能强大、技术顶尖的太空飞行器和探测器。

太空竞赛后来变成了登月竞赛。当"阿波罗11号"在1969年成功登陆月球后，美国赢了这个回合。这项成就的背后有400000人付出努力，毫无疑问，它是人类的一大创举，但是对于我们这些在地球上怀着景仰心情凝视太空的人来说，它真正的意义是什么？事实上，太空研究带

弹射着陆

1961年4月12日，尤里·加加林（Yuri Gagarin）成为了世界上第一位进入太空的人。当他的太空舱返回地球时，在距离地面7千米的高度上，他被弹射出舱外，靠降落伞安全落地。这件事作为秘密被封存了十年之久，因为太空飞行管理机构——国际航空联合会规定，宇航员必须和他们乘坐的飞行器一同返回，才能确认为一次成功的太空任务。

动了许多方面的进步，包括太阳能板、水净化和微型计算机技术的发展。但是与它带来的人类世界观的巨大变化相比，这些具体的技术进步就显得微不足道了。从飞往月球的宇宙飞船上回头看，地球只是一个小小的、脆弱的蓝色圆球。它安静地飘浮在深邃太空的黑色背景中，这些照片让我们对自己居住的这个星球产生了一种前所未有的珍爱之情，并促使我们缓缓迈出生态保护的步伐，努力为子孙后代留下美好的家园。

终极兜风之旅

太空探索并非职业宇航员的专利，普通旅行者也可以加入到这个行列中来。目前已经有7位乘客拜访过俄国的"和平号"空间站，每人为此行付出的费用是2000万美元。而当英国维珍银河公司推出亚轨道太空旅游计划后，已经有几百人订了票。

"赶快把问题解决了，然后点燃这根蜡烛。"

——1961年5月，宇航员艾伦·谢泼德催促地面指挥中心赶紧发射"红石"火箭，好把他送入太空

多级火箭系统

大多数航天器发射都使用多级火箭，每一级火箭都有自己的发动机和燃料，而且每一级都比前面一级更小、更轻。通过甩掉用过的前几级火箭，最后一级火箭将携带最小的重量进入太空。用来执行"阿波罗"载人登月飞行任务的"土星5号"火箭有三级，可以把重达118000千克的飞船送入飞行轨道。

第一级火箭

这是三级火箭中最大的一级，它能在不到3分钟的时间里燃烧掉200万千克的液体燃料和氧气。在这3分钟不到的时间里，它可以将"阿波罗"飞船送到68千米的高度。一旦燃料烧尽，第一级火箭会自动脱离，落回地面。

第二级火箭

第二级火箭将把"阿波罗"飞船送出大气层。在约6分钟内耗尽燃料后，第二级火箭与整体分离，落回地面。第三级火箭开始点火。

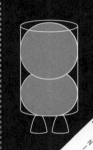

第三级火箭

只有这一级火箭能到达地球轨道。"阿波罗"飞船的3个组成部分被装在这级火箭的头部，下面的火箭发动机和燃料舱将在进入月球轨道时被抛掉。

"阿波罗"宇宙飞船

美国国家航空航天局（NASA）在1969年到1972年期间，通过"阿波罗"计划6次成功地将宇航员送上月球。每艘"阿波罗"飞船都有3个组成部分——指挥舱、服务舱、登月舱。指挥舱是宇航员们的主舱，当登月舱落向月面时，指挥舱和服务舱继续在绕月轨道上飞行。完成月面活动后，指挥舱和服务舱一起返回地球，但只有指挥舱会再入大气层，而服务舱会被抛掉。

进入月球轨道后，宇航员会进行一些精密的技术操作，然后抛掉已经空了的第三级火箭燃料舱和发动机。

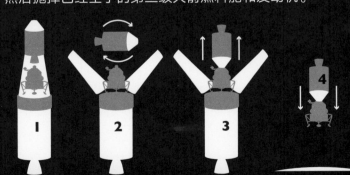

1. "阿波罗"飞船的3个组成部分到达地球轨道。
2. 指令/服务舱（CSM）与火箭分离，并旋转180°。
3. CSM与登月舱对接，并使其与火箭分离。
4. CSM和登月舱一同飞往月球。

指挥舱

在每次"阿波罗"登月任务中，3位宇航员都要在不足5个冰箱大的空间里生活6到12天。

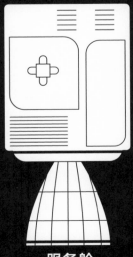

服务舱

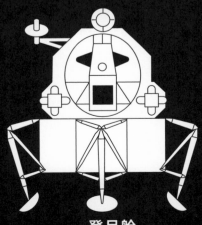

登月舱

互联网

如今的互联网规模浩大、结构复杂，而且已经成为人类生活和工作中必不可少的一部分。但它在诞生之初却是由几个美国将军、旧金山的嬉皮士们以及为欧洲核子研究中心那台巨型粒子对撞机工作的工程师粗糙地拼凑起来的。

建立互联网的想法产生于1960年，其本意是连接美国雷达预警系统与导弹发射场。美国国防部的官员们担心，用于发布指令的军用电话线路容易受到破坏——敌方一颗导弹就可以摧毁它们，那将影响美国的快速反击。研究人员保罗·巴兰（Paul Baran）想到了一种方法，可以保证指挥信息始终保持畅通。他建议把指挥信息分割成一个个小的"包"，每个"包"都可以在通信网络中自行寻找到达目的地的路径，也就是说，将军们发出的反击命令可以绕开那些被毁坏的线路。

互联网的开端

巴兰的想法由于太过新颖离奇而未被采纳，但在1969年，美国国防部高级研究计划局开始用一个叫作"阿帕网"的网络系统把军方的各个计算中心连接在一起。在随后的20年里出现了更多的计算机网络，使得许多大学可以在相互之间分享信息和计算机资源。而把这些网络连成一体便产生了互联网。

虽然在1989年已经有个人和企业开始使用网络，但上网热潮并未出现。那时候的用户即使只是做一些简单的工作，也需要输入很多又长又难懂的指令，还要耐心等待系统做出反应。尽管如此，还是有一些线上社区在蓬勃发展。在旧金山，当地的嬉皮士运动组织创办了一个称作"WELL（Whole Earth 'Lectronic Link，全球电联）"的互联网社区。他们的自由价值观和反抗控制的思想强烈地影响了互联网文化，这种影响在如今的一些网络资源中仍然十分明显，比如"维基百科"。

表情符号

"笑脸"表情在变成代表"玩笑"的标准短信符号之前，早就在互联网上开始使用了。最早是在1982年，美国计算机科学家斯科特·法尔曼（Scott Fahlman）建议使用这个表情符号，以免他的一些同事总是对公告栏上的玩笑内容信以为真。

> **"用不了几年，人们就可以在机器上进行比面对面交流更有效的沟通了。"**
>
> ——1968年，阿帕网创始人罗伯特·泰勒（Robert Taylor）和约瑟夫·利克莱德（J. C. R. Licklider）预言互联网的前景

电子邮件的发明

1971年，工程师雷·汤姆林森（Ray Tomlinson）发明了电子邮件系统。用@符号区分用户名与其所属网络，也是他的绝妙想法，但他总是谦虚地表示这个创意不值一提，说那只是一个"不费脑子的想法"。

万维网的诞生

如果没有英国计算机科学家蒂姆·伯纳斯-李（Tim Berners-Lee），没准儿互联网到现在还是学术界和技术怪才们专用的系统呢。在欧洲核子研究中心工作期间，伯纳斯-李试图找到一种可以让研究人员分享研究成果的方法。他建议在文本文件中添加标记符，使连接着其他内容资源的词语突出显示出来。他的"超文本标记语言"，也就是HTML，后来成为了制作网页的必要工具。但他最早为此开发的"万维网（WWW）"浏览器非常简单，只能显示文字。直到Mosaic浏览器在1993年面世以后，浏览器上才可以显示图像。虽然Mosaic粗糙且运行缓慢，但它在当时所受的关注程度绝不亚于如今人们对网络的关注程度。

从1993年开始，互联网的意义开始远远超出万维网和电子邮件的范畴。通过海底电缆（见右页）和卫星信号，互联网可以连接到最偏远的地方，它已经成为维持整个世界运行的工具。没有互联网，超市的货架会空空如也，道路交通会乱作一团。在我们的个人生活中，我们也处处依赖互联网，从寻找真爱到联系远方友人，从获取新闻到休闲娱乐……对于这个曾经"太过复杂而难以应用"的系统而言，互联网的发展真令人感慨。

海底通信电缆

99%的电子邮件、微博、网页以及其他跨洋电子通信数据都由海底通信电缆传输。
它们将地球上除了南极洲以外的所有大陆连为一体。

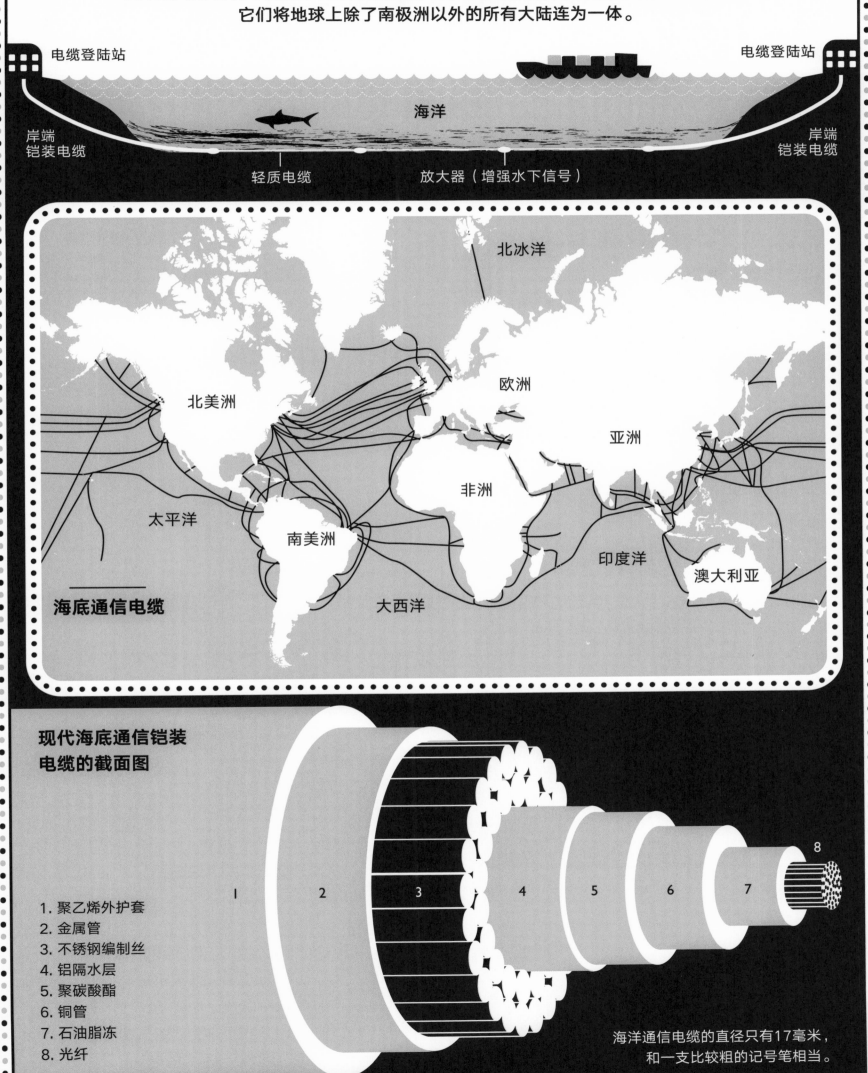

电缆登陆站

电缆登陆站

岸端
铠装电缆

岸端
铠装电缆

海洋

轻质电缆

放大器（增强水下信号）

北冰洋

北美洲

欧洲

亚洲

太平洋

非洲

印度洋

南美洲

澳大利亚

大西洋

海底通信电缆

现代海底通信铠装
电缆的截面图

1. 聚乙烯外护套
2. 金属管
3. 不锈钢编制丝
4. 铝隔水层
5. 聚碳酸酯
6. 铜管
7. 石油脂冻
8. 光纤

海洋通信电缆的直径只有17毫米，
和一支比较粗的记号笔相当。

人工智能

计算机功能越来越强大，它们开始学习我们一度认为只有人类才拥有的技能。这就是人工智能，它能改善我们的生活——如果社会能够公平地分享它带来的利益的话。

虽然计算机打从面世起就被称为"电脑"，但让它们真正开始学习和思考是近些年来才出现的创新。开发所谓的人工智能（Artificial Intelligence，AI）其实并不困难：早在1957年，就有程序员编写出了国际象棋程序，让计算机能够战胜普通人。

进展缓慢

随后的人工智能发展缓慢而艰难，但是到了20世纪80年代，许多种专家系统被开发出来，这种系统本质上是一个推理程序，能够根据设定好的规则自行做出决策。早期的专家系统能够辅助医疗诊断，后来的人工智能逐渐扩展到了其他领域，比如训练计算机阅读印刷文字、说话和识别语音。随着数字运算能力的迅速提高，程序员找到了许多解决旧问题的新方法。比如，如果研究人员企图让计算机理解文本，那么机器翻译这条路便很难走得通。但当他们把不同语言的上亿份文件传入计算机后，计算机就可以用蛮力以最原始的对比方法"学习"翻译，一旦它们知道了每个词所对应的另一种语言中的同义词，它们就成为了还算合格的翻译员。

超级智能机器？

有一个可怕的预言是，有朝一日计算机和机器人会比它们的制造者还更聪明，甚至对人类造成威胁。这个想象出的场景激发了许多作家和电影制作人的想象力。1942年，科幻作家艾萨克·阿西莫夫（Isaac Asimov）提出一系列规则，规定机器人必须服从命令，不得伤害人类。

改变世界

今天，最先进的人工智能系统已经不需要指导，它们可以通过"强化学习"——一种反复试错的方法来自行整合解决问题的方法和策略，成功地完成任务。在2017年，科技巨头谷歌公司开发出一款会下围棋的人工智能程序，称为"阿尔法狗（AlphaGo）"。它仅仅学习了3天围棋

> **"在20年内，机器将可以做人类能够做的任何事情。"**
>
> ——《自动化在人类生活和管理中的形态》（*The Shape of Automation for Men and Management*），赫伯特·西蒙（Herbert Simon），1965年

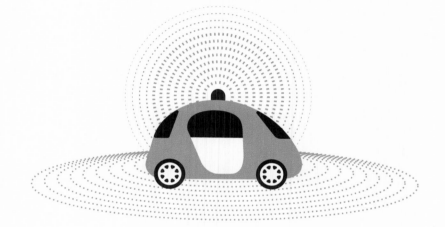

随机应变的人工智能

人工智能必须足够聪明才能知道什么时候需要在规则上通融一下。早期的无人驾驶汽车遇到交叉路口时，会遵循交通规则停下来等候，让主道上的车辆先行。但主道上的车辆往往络绎不绝，所以工程师们只好调整软件，让无人驾驶汽车在这种情况下慢慢向前滑行——和人类驾驶员的做法一样，直到主道上的车辆主动礼让，让它继续前行。

的基本规则，就成了围棋高手；经过40天的练习，它就一举击败了围棋世界冠军。

目前人工智能发展迅速，进步巨大，我们对它的诸多应用和可能的应用已经不觉得惊讶了。我们不再为机器人接听电话而感到惊奇，反倒可能因为它在转接人工之前的喋喋不休而恼火。人工智能正在为最复杂的新兴技术提供支持，它可以控制即将改变交通运输领域的无人驾驶汽车，为那些不会驾驶汽车的人提供便利。它还可以完成枯燥的办公任务，也可以赋予机器人智能的技巧，让它们代替人类完成危险和肮脏的工作。人工智能也许会让许多驾驶员、文员、体力劳动者失去工作，但如果社会能让他们找到有价值的新工作，那么这项惊世骇俗的技术便有可能让我们摆脱重复乏味的体力劳动，使我们过上更富有、更健康的生活。

人类大脑所具有的不同功能由大脑的不同部位负责，但同时大脑还具有惊人的适应能力：
如果某一区域的脑组织受到损伤，其他区域的脑细胞可能会学会那部分失去的技能。

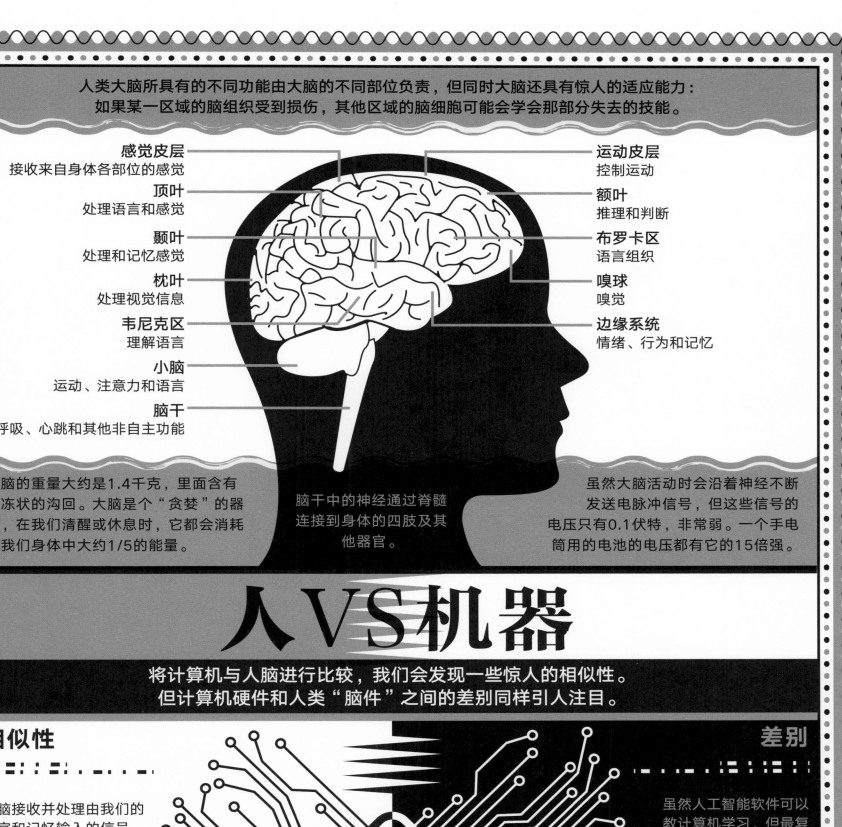

感觉皮层
接收来自身体各部位的感觉

顶叶
处理语言和感觉

颞叶
处理和记忆感觉

枕叶
处理视觉信息

韦尼克区
理解语言

小脑
运动、注意力和语言

脑干
呼吸、心跳和其他非自主功能

运动皮层
控制运动

额叶
推理和判断

布罗卡区
语言组织

嗅球
嗅觉

边缘系统
情绪、行为和记忆

人脑的重量大约是1.4千克，里面含有果冻状的沟回。大脑是个"贪婪"的器官，在我们清醒或休息时，它都会消耗掉我们身体中大约1/5的能量。

脑干中的神经通过脊髓连接到身体的四肢及其他器官。

虽然大脑活动时会沿着神经不断发送电脉冲信号，但这些信号的电压只有0.1伏特，非常弱。一个手电筒用的电池的电压都有它的15倍强。

人VS机器

将计算机与人脑进行比较，我们会发现一些惊人的相似性。
但计算机硬件和人类"脑件"之间的差别同样引人注目。

相似性

大脑接收并处理由我们的感官和记忆输入的信号。与之类似，计算机接收并系统地处理输入的数据，最终给出有用的结果。

计算机中的晶体管就像大脑中的那1000亿个神经元。不过如今最大的CPU（中央处理器）中也只有200亿个晶体管。

大脑和计算机都需要能量供应。计算机用电，而我们的大脑则依赖血液中携带的氧气和糖分。

比较大脑和计算机，有很多种角度，但最重要的一点是比较它们的发展潜力。我们的大脑不能发育得超出我们的颅骨，但计算机一天比一天更精致、更快捷，也许最终还会比我们更聪明。

差别

虽然人工智能软件可以教计算机学习，但最复杂的计算机的学习能力也比不上一个四五岁小孩的学习能力。

不管你在电影里看到的计算机是什么样，在现实中它们都是没有知觉的，而我们的大脑却让我们可以感知自己以及周围的环境。

在计算机中，硬件和软件是分开的。但在我们的大脑里，神经元既像软件一样处理信息，也像硬件一样储存信息。

献给妈妈。
——詹姆斯·布朗

感谢沃克出版社的全体成员，他们的辛勤工作成就了这部了不起的作品。
——理查德·普拉特

图书在版编目(CIP)数据

发明：改变我们生活的技术突破 / (英) 理查德·
普拉特文；(英) 詹姆斯·布朗图；跃钢译. —— 北京：
北京联合出版公司, 2020.4

ISBN 978-7-5596-3932-5

Ⅰ.①发… Ⅱ.①理… ②詹… ③跃… Ⅲ.①创造发
明 – 世界 – 儿童读物 Ⅳ.①N19-49

中国版本图书馆CIP数据核字(2020)第012297号

发明：改变我们生活的技术突破

作　者：[英] 理查德·普拉特	绘　者：[英] 詹姆斯·布朗	
译　者：跃　钢	选题策划：北京浪花朵朵文化传播有限公司	
出版统筹：吴兴元	编辑统筹：冉华蓉	
责任编辑：李　伟	特约编辑：彭　鹏	
营销推广：ONEBOOK	装帧制造：墨白空间·唐志永	

北京联合出版公司出版
（北京市西城区德外大街83号楼9层 100088）
深圳市德家印刷厂 新华书店经销
字数110千字　1092毫米×787毫米　1/8　9印张
2020年4月第1版　2020年4月第1次印刷
ISBN 978-7-5596-3932-5

定价：110.00元

后浪出版咨询(北京)有限责任公司
常年法律顾问：北京大成律师事务所　周天晖 copyright@hinabook.com
未经许可，不得以任何方式复制或抄袭本书部分或全部内容
版权所有，侵权必究
本书若有质量问题，请与本公司图书销售中心联系调换。电话：010-64010019

以下人员奉献了很多时间帮助作者和编辑确认事实和细节：
迈克尔·查赞、玛丽·菲塞尔、汤姆·杰克逊、罗恩·兰开斯特和埃米琳·帕基耶